高等院校计算机任务驱动教改教材

C语言应用案例教程

王景丽　姚晋丽　主　编

龚　俊　王祥荣　黄春芳　王　明　副主编

清华大学出版社
北京

内 容 简 介

本书通过6个案例全面介绍了C语言以及基础数据结构的应用。本书重点培养学生的综合程序设计能力和系统开发能力，围绕"系统开发"逐步展开：通过让学生组建"开发团队"（以3人最为合适），由教师提出系统的需求。针对不同的系统，组员轮流为项目负责人，从系统需求出发，完成"功能设计""模块划分""算法设计与优化"并最终到"系统实现"等工作，在此过程中，项目负责人进行任务分配、项目监控和评审考核。

本书前4章主要针对C语言项目开发的一些基本知识进行了介绍。第5章和第6章两个项目主要使用结构体数组，两个项目层层推进。第6章的项目相对于第5章，采用多文件方式进行开发。第7章和第8章两个项目主要采用链式存储结构，其中第7章的项目采用单链表，第8章的项目采用邻接链表开发，并同时采用工程化设计思想。第9章和第10章主要对图形开发进行介绍。

本书可作为计算机专业本科生的教材，也可作为职业院校学生的教材或从事计算机及嵌入式开发相关人员的参考书。

图书在版编目(CIP)数据

C语言应用案例教程/王景丽，姚晋丽主编. －北京：清华大学出版社，2016(2024.2重印)
高等院校计算机任务驱动教改教材
ISBN 978-7-302-42801-5

Ⅰ.①C… Ⅱ.①王… ②姚… Ⅲ.①C语言－程序设计－高等学校－教材 Ⅳ.①TP312

中国版本图书馆CIP数据核字(2016)第028712号

责任编辑：张龙卿
封面设计：徐日强
责任校对：袁 芳
责任印制：刘海龙

出版发行：清华大学出版社
   网   址：https://www.tup.com.cn，https://www.wqxuetang.com
   地   址：北京清华大学学研大厦A座   邮   编：100084
   社 总 机：010-83470000   邮   购：010-62786544
   投稿与读者服务：010-62776969，c-service@tup.tsinghua.edu.cn
   质量反馈：010-62772015，zhiliang@tup.tsinghua.edu.cn
   课件下载：https://www.tup.com.cn ，010-62795764
印 装 者：天津鑫丰华印务有限公司
经   销：全国新华书店
开   本：185mm×260mm   印   张：10   字   数：227千字
版   次：2016年4月第1版   印   次：2024年2月第6次印刷
定   价：39.00元

产品编号：067511-02

前　言

　　从本校第一届计算机专业的本科生入学到今天将近10年的时间，整个"程序设计基础"课程组历经多次教学改革，从宁波市教育规划课题（YGH09081以"算法为中心"的教学改革）到2013年的浙江省教育厅课堂教学改革专项课题（KG2013485以提升课堂吸引力为目标的程序设计课程改革），不断改革的目的是提高学生的专业竞争力，同时提升专业基础课程的教学效果，最终决定将"程序设计基础"课程的教学分为两个阶段，第一阶段主要培养学生的计算机思维、算法分析设计能力；第二阶段主要培养其综合程序设计与系统实现能力。本书作为改革的配套教材，经过多次校内印刷和修订，不断地对项目的内容以及组织方式进行修改，最终确定增至6个案例，包含顺序表、链表、邻接表及图形等方面的内容，并对各个章节的内容进行调整，使案例呈递增式阶梯推进，使本书更好地为广大C语言的爱好者使用。

　　本书共分为10章；前4章主要针对C语言项目开发的一些基本知识进行介绍；第5章和第6章两个项目主要使用结构体数组，两个项目层层推进；第7章和第8章两个项目主要采用链式存储结构，同时采用工程思想；第9章和第10章主要针对图形开发进行介绍。

　　本书主编为王景丽、姚晋丽，主要编写第1章、第4～8章；副主编为龚俊、王祥荣、黄春芳、王明，他们参与了其余章节的编写。

　　本书在编写过程中，特别是案例遴选的过程中，得到校企合作单位的支持，其中"停车场收费管理系统"和"视频管理系统"都直接来源于企业案例；此外，在资料整理和校对的过程中，很多课程组相关教师都参与其中。在此表示衷心的感谢。

编　者

2016年1月

目 录

第1章　C语言概述

C语言是目前国际上十分流行、使用比较广泛的高级编程语言之一，特别是在计算机相关的教学上，使用其作为入门的语言是非常不错的选择。在使用过程中，因其简洁、使用方便且具备较强的功能而深受编程人员的喜爱。

本书后面所有的案例都是基于C语言来实现的。在本章首先对C语言做一下简单的介绍，主要包括C语言的出现背景和发展历史，C语言的特点，C语言包含的基本数据类型和控制结构等。另外，对本书后面需要使用到的程序编辑环境Win-TC和C-Free以及Visual C++做一个简单的介绍。

1.1　C语言发展史

程序设计语言（Programming Language）是用于编写计算机程序的语言。语言的基础是一组记号和一组规则，根据规则由记号构成的记号串的总体就是语言。在程序设计语言中，这些记号串就是程序。

程序设计语言包含三个方面，即语法、语义和语用。语法表示程序的结构或形式，即表示构成程序的各个记号之间的组合规则，但不涉及这些记号的特定含义，也不涉及使用者。语义表示程序的含义，即表示按照各种方法所表示的各个记号的特定含义，但也不涉及使用者。语用表示程序与使用者之间的关系。

程序设计语言的基本成分有：①数据成分。用于描述程序所涉及的数据。②运算成分。用于描述程序中所包含的运算。③控制成分。用于描述程序中所包含的控制。④传输成分。用于表达程序中数据的传输。程序设计语言按照语言级别可以分为低级语言和高级语言。

程序设计语言是软件的重要方面，其发展趋势是模块化、简明化、形式化、并行化和可视化。程序设计语言经历了机器语言、汇编语言到高级语言这样一个发展过程。C语言属于高级语言，但是由于C语言同时具有一些低级语言的特点，所以C语言也被称为中级语言。程序设计语言根据发展，可分为三个阶段：无法理解的机器语言、难于理解的汇编语言、脱离机器的高级语言。不同语言的执行过程也不一样，如图1.1所示。

C语言是国际上流行的、很有发展前途的计算机高级语言。C语言适合作为"系统描述语言"。它既可以用来编写系统软件，也可以用来编写应用程序。

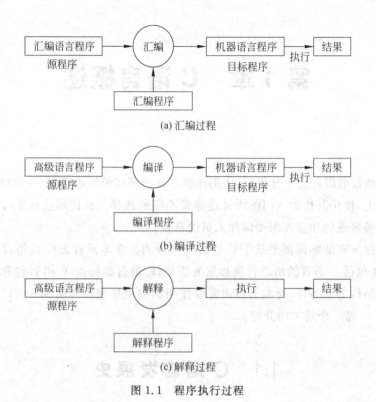

图 1.1　程序执行过程

　　C 语言的前身是 ALGOL 60 语言（也成为 A 语言）。1963 年，剑桥大学将 ALGOL 60 语言发展成为 CPL（Combined Programming Language）语言。1967 年，剑桥大学的 Matin Richards 对 CPL 语言进行了简化，于是产生了 BCPL 语言。1970 年，美国贝尔实验室的 Ken Thompson 将 BCPL 进行了修改，并为它起了一个有趣的名字"B 语言"，意思是将 CPL 语言煮干，提炼出它的精华，并且他用 B 语言写了第一个 UNIX 操作系统。而在 1973 年，美国贝尔实验室的 Dennis M. Ritchie 在 B 语言的基础上设计出了一种新的语言，他取了 BCPL 的第二个字母作为这种语言的名字，这就是 C 语言。为了使 UNIX 操作系统推广，1977 年 Dennis M. Ritchie 发表了不依赖于具体机器系统的 C 语言编译方面的论文《可移植的 C 语言编译程序》。1978 年 Brian W. Kernighian 和 Dennis M. Ritchie 出版了名著 The C Programming Language，从而使 C 语言成为目前世界上流行最广泛的高级程序设计语言。1988 年，美国国家标准研究所（ANSI）公布了 ANSI C。ANSI 在 1999 年推出新的标准 C 规范，通常称为 C99。

　　C 语言发展迅速，而且成为最受欢迎的语言之一，主要因为它具有强大的功能和各方面的优点，到了 20 世纪 80 年代，C 语言开始进入其他操作系统，并很快在各类大、中、小型计算机上得到了广泛应用，许多著名的系统软件，如 dBase Ⅲ PLUS、dBase Ⅳ 都是由 C 语言编写的。C 语言成为当代最优秀的程序设计语言之一。

1.2　C 语言的特点

C 语言是一种面向过程的程序设计语言,之所以能存在和发展,并具有生命力,归纳起来有以下特点。

1. 简洁紧凑,灵活方便

C 语言一共只有 32 个关键字、9 种控制语句,程序书写自由,主要用小写字母表示。

2. 运算符丰富

C 语言包含的运算符范围很广泛,共有 34 个运算符。C 语言把括号、赋值、强制类型转换等都作为运算符处理。从而使 C 语言的运算类型极其丰富,表达式类型也十分多样化。灵活使用各种运算符,可以实现在其他高级语言中难以实现的运算。

3. 数据类型丰富

C 语言的数据类型有整型、实型、字符型、数组类型、指针类型、结构体类型、共用体类型等,能用来实现各种复杂的数据类型的运算,并引入了指针的概念,使程序的执行效率更高。另外 C 语言具有强大的图形功能,支持多种显示器和驱动器。

4. C 语言是结构式语言

结构式语言的显著特点是代码及数据的分隔化,即程序的各个部分除了必要的信息交流外彼此独立。这种结构化方式可使程序层次清晰,便于使用、维护以及调试。C 语言是以函数形式提供给用户来实现相关功能的,这些函数可方便地被调用,另外,C 语言具有多种循环、条件语句来控制程序的流向,从而使程序完全结构化。

5. C 语言语法限制不太严格,程序设计自由度大

一般的高级语言语法检查比较严格,能够检查出几乎所有的语法错误。而 C 语言允许程序编写者有较大的自由度。

6. C 语言允许直接访问物理地址,可以直接对硬件进行操作

C 语言既具有高级语言的功能,又具有低级语言的许多功能,能够像汇编语言一样对位、字节和地址进行操作,而这三者是计算机最基本的元素,可以用来编写系统软件。

7. C 语言适用范围广,可移植性好

C 语言有一个突出的优点就是适合于多种操作系统,如 DOS、UNIX,也适用于多种机型。

1.3 C 程序集成开发环境

目前,在计算机上广泛使用的 C 语言编译系统有 Microsoft Visual C++、Turbo C、Win-TC、C-Free 等。本书介绍的编译环境有 Microsoft Visual C++、Win-TC 和 C-Free。

1.3.1 Win-TC 介绍

Win-TC 是 Turbo C 2.0(简称 TC 2.0)的一种扩展形式,提供 Windows 平台的开发界面,支持剪切、复制、粘贴和查找替换等,而且在功能上也有它的独特特色,例如语法加亮、C 内嵌汇编、自定义扩展库的支持等,并提供一组相关辅助工具让程序员在编程过程中更加游刃有余。Win-TC 可以正常运行于 Windows 98、Windows XP 和 Windows 7 等 Windows 操作系统。

1. Win-TC 的使用

(1) 初次安装 Win-TC,打开软件后一般出现如下画面,这是一个简单的 helloworld 程序,如图 1.2 所示。

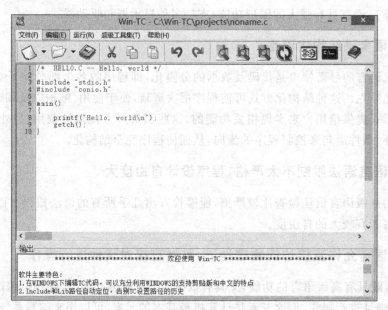

图 1.2 Win-TC 中的 helloworld 程序

(2) 选择"文件"→"新建文件"命令(当然,根据需要,也可以打开已有文件),然后输入代码(此处已经写了代码,记得在最后一个花括号前加一个 getch()函数,以让自己看到运行结果),如图 1.3 所示。

(3) 保存程序。然后选择"运行"的"编译连接"(不显示结果)或"编译连接并运行"命

图 1.3　编写 Win-TC 程序

令(显示结果),软件会提醒用户保存文件。如果选择的是"编译连接并运行"命令,确认后会有运行结果,如图 1.4 所示。

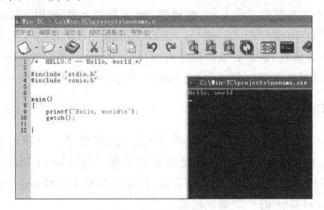

图 1.4　运行 Win-TC 程序

2. Win-TC 面板的设置

可以根据自己的编译习惯,选择"编辑"→"编辑配置"命令,改变相应的配置,如图 1.5 所示。

1.3.2　Visual C++ 6.0 介绍

Visual C++ 6.0 简称 VC 或者 VC 6.0,是微软推出的一款 C++ 编译器,是将"高级语言"翻译为"机器语言(低级语言)"的程序。Visual C++ 是一个功能强大的可视化软件

5

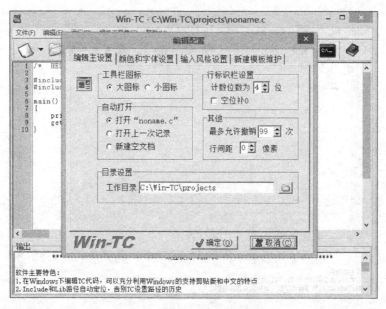

图1.5 Win-TC面板的设置

开发工具。自1993年Microsoft公司推出Visual C++1.0后,随着其新版本的不断问世,Visual C++已成为专业程序员进行软件开发的首选工具。

Visual C++6.0不仅是一个C++编译器,而且是一个基于Windows操作系统的可视化集成开发环境(Integrated Development Environment,IDE)。Visual C++6.0由许多组件组成,包括编辑器、调试器以及程序向导App Wizard、类向导Class Wizard等开发工具。这些组件通过一个名为Developer Studio的组件集成为操作便利的开发环境。

1. Visual C++ 6.0 的组成

(1) Developer Studio。这是一个集成开发环境,提供了一个很好的编辑器和很多Wizard,但实际上它没有任何编译和链接程序的功能。Developer Studio并不是专门用于VC的,它也同样用于VB、VJ、VID等工具,所以不要把Developer Studio当成Visual C++,它只是Visual C++的一个集成环境。

(2) MFC。从理论上来讲,MFC也不是专用于Visual C++的,Borland C++、C++ Builder和Symantec C++同样可以使用MFC。同时,用Visual C++编写代码也并不意味着一定要用MFC,用Visual C++来编写SDK程序,或者使用STL、ATL也可以。不过,Visual C++本来就是为MFC打造的,Visual C++中的许多特征和语言扩展也是为MFC而设计的,所以用Visual C++而不用MFC就等于抛弃了Visual C++中很大的一部分功能。

(3) PlatformSDK。它是Visual C++和整个Visual Studio的精华和灵魂,Platform SDK是以Microsoft C/C++编译器为核心(不是Visual C++),配合MASM,辅以其他一些工具和文档资料来方便程序的开发。Developer Studio没有编译程序的功能,这项工作是由CL或NMAKE和其他许多命令行程序来完成的,这些程序才是构成Visual Studio的基础。

6

2. Visual C++ 6.0 的使用

(1) 打开 Microsoft Visual C++ 6.0,界面如图 1.6 所示。

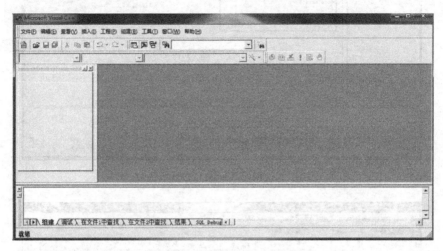

图 1.6　Visual C++ 6.0 界面

(2) 选择"文件"→"新建"命令,选择"文件"选项卡中的 C++ Source File,输入要创建的文件名并选择要保存的文件位置,如图 1.7 所示。

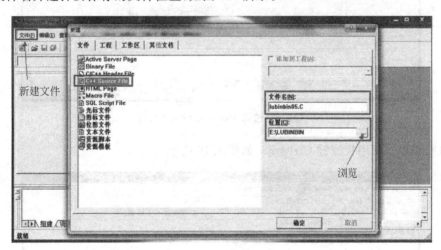

图 1.7　新建文件

(3) 新建的文件"编写程序",编写完成后,选择"组建(B)"→"编译[文件名]"命令编译文件。文件名 lubinbin05.C * 带有小星号,表示文件中有未保存部分,所以这个时候可以按快捷键 Ctrl+S 保存文件,如图 1.8 所示。

(4) 编译程序后会弹出一个对话框,表示此编译命令需要一个有效的项目,如果要创建一个默认的项目,单击"是(Y)"按钮,如图 1.9 所示。

(5) 下面的信息提示框中会显示编译的程序是否有错误,如果提示"错误为零",则可以执行程序;错误若不为零,在下方会显示错误原因。

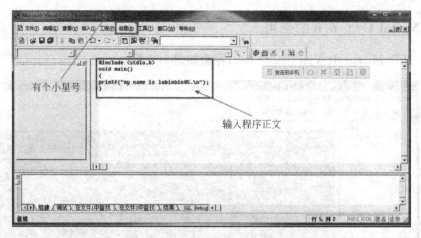

图 1.8　编写 Visual C++ 6.0 程序

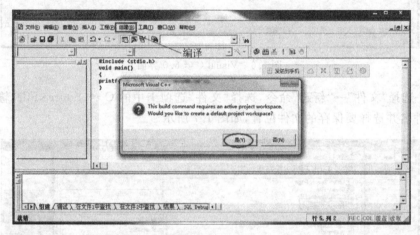

图 1.9　编译 Visual C++ 6.0 程序

执行程序也可用快捷键 Ctrl＋F5,如图 1.10 所示。

图 1.10　执行 Visual C++ 6.0 程序

（6）若程序运行成功,则弹出程序运行结果的窗口,如图 1.11 所示。

图 1.11　Visual C++ 6.0 程序的执行结果

1.3.3　C-Free 介绍

C-Free 是一款 C/C++ 集成开发环境(IDE)。利用 C-Free,程序员可以轻松地编辑、编译、连接、运行、调试 C/C++ 程序。C-Free 中集成了 C/C++ 代码解析器,能够实时解析代码,并且在编写的过程中给出智能的提示。C-Free 提供了对目前业界主流 C/C++ 编译器的支持,可以在 C-Free 中轻松切换编译器。可定制快捷键、外部工具以及外部帮助文档,使得在编写代码时得心应手。完善的工程/工程组管理使程序员能够方便地管理自己的代码。最新的 C-Free 5.0 版本已经可以支持 C99 标准。

1. C-Free 的优点

（1）支持多编译器,可以配置添加其他编译器。

C-Free 支持的编译器类型有 MinGW 2.95/3.x/4.x/5.0、Cygwin、Borland C++ Compiler、Microsoft C++ Compiler、Open Watcom C/C++ 、Digital Mars C/C++ 、Ch Interpreter。

（2）增强的 C/C++ 语法加亮器(可加亮函数名、类型名、常量名等)。

（3）智能输入功能。

（4）可添加语言加亮器,支持其他编程语言。

（5）可添加工程类型,可定制其他的工程向导。

（6）完善的代码定位功能(查找声明、实现和引用)。

（7）代码完成功能和函数参数提示功能。

（8）能够列出代码文件中包含的所有符号(函数、类/结构、变量等)。

（9）大量可定制的功能:可定制快捷键、可定制外部工具、可定制帮助(可支持 Windows 帮助、HTML 帮助和在线帮助)。

（10）彩色、带语法的加亮、打印功能。

（11）在调试时显示控制台窗口。

（12）工程转化功能，可将其他类型的工程转化为 C-Free 格式的工程，并在 C-Free 中打开。

2. C-Free 的使用

（1）进入 C-Free 的工作环境。

单击桌面上 C-Free 的快捷方式图标 ，或选择桌面左下角"开始"→"程序"→C-Free 命令，即可进入编程环境。

（2）熟悉 C-Free 环境，如图 1.12 所示。

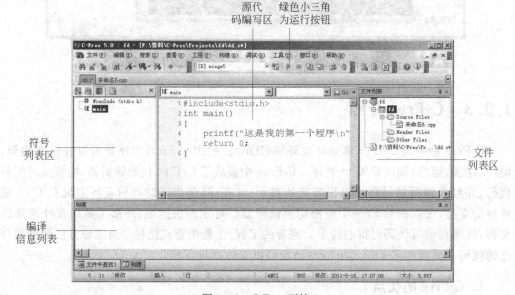

图 1.12　C-Free 环境

（3）输入并运行一个简单的程序。

步骤如下：

① 选择"文件"→"新建"命令。

② 在源代码编写区输入相关程序。

③ 完成后单击运行按钮 ，运行该程序。

④ 该程序的运行结果如图 1.13 所示。

图 1.13　程序的运行结果

其中，Press any key to continue...表示"按任意键继续"，跟具体程序的执行结果无关联性。

　　⑤ 保存程序,可选择菜单"文件"→"保存"或直接单击工具栏中的█图标,将该程序保存到 D 盘根目录,如图 1.14 所示。

图 1.14　C 语言文件的保存

1.3.4　程序调试的基本方法

　　程序调试是将编制的程序投入实际运行前用手工或编译程序等方法进行测试,并修正语法错误和逻辑错误的过程。这是保证程序正确性必不可少的步骤。编写完计算机程序,必须在计算机中测试。

1. 程序测试的原则

　　(1) 分析并思考与错误征兆有关的信息。

　　(2) 避开"死胡同"。

　　(3) 只把调试工具当作手段。利用调试工具可以帮助思考,但不能代替思考,因为调试工具给的是一种无规律的调试方法。

　　(4) 避免用试探法,最多只能把它当作最后的手段。

　　(5) 出现错误的地方可能还有别的错误。

　　(6) 修改错误的一个常见失误是只修改了这个错误的征兆或这个错误的表现,而没有修改错误本身。如果提出的修改不能解释与这个错误有关的全部线索,那就表明只修改了错误的一部分。

11

（7）注意修正一个错误的同时可能会引入新的错误。

（8）修改错误的过程将迫使人们暂时回到程序设计阶段。修改错误也是程序设计的一种形式。

（9）修改源代码程序，不要改变目标代码。

2. 测试方法

（1）简单调试方法如下：

① 在程序中插入打印语句。优点是能够显示程序的动态过程，比较容易检查源程序的有关信息。缺点是效率低，可能输入大量无关的数据，发现错误带有偶然性。

② 运行部分程序。有时为了测试某些被怀疑有错的程序段，却将整个程序反复执行许多次，在这种情况下，应设法使被测程序只执行需要检查的程序段，以提高效率。

③ 借助调试工具。目前大多数程序设计语言都有专门的调试工具，可以用这些工具来分析程序的动态行为。

（2）回溯法排错。确定最先发现错误症状的地方，人工沿程序的控制流往回追踪源程序代码，直到找到错误或范围。

（3）归纳法排错。这是一种系统化的思考方法，是从个别推断全体的方法，这种方法从线索（错误征兆）出发，通过分析这些线索之间的关系找出故障。主要有 4 步。

① 收集有关数据。收集测试用例，弄清测试用例中观察到了哪些错误征兆，以及在什么情况下出现错误等信息。

② 组织数据。整理分析数据，以便发现规律，即什么条件下出现错误，什么条件下不出现错误。

③ 导出假设。分析研究线索之间的关系，力求找出它们的规律，从而提出关于错误的一个或多个假设。如果无法做出假设，则应设计并执行更多的测试用例，以便获得更多的数据。

④ 证明假设。假设不等于事实，证明假设的合理性是极其重要的，不经证明就根据假设排除错误，往往只能消除错误的征兆或只能改正部分错误。证明假设的方法是用它解释所有原始的测试结果。如果能圆满地解释一切现象，则假设得到证明，否则要么是假设不成立或不完备，要么是有多个错误同时存在。

（4）演绎法排错。设想可能的原因，用已有的数据排除不正确的假设，并证明余下的假设。

（5）对分查找法。如果知道每个变量在子程序内若干个关键点上的正确值，则可用赋值语句或输入语句在程序中的关键点附近"注入"这些变量的正确值，然后检查程序的输出。如果输出结果是正确的，则表示错误发生在前半部分，否则，不妨认为错误在后半部分。这样反复进行多次，逐渐接近错误位置。

第2章 算法及基本语法

2.1 什么是算法

算法从广义上来说是处理事情的方法步骤。比如要烧一盘红烧肉,首先需要准备好肉、酱油、醋等食材,接着需要将肉洗干净、切好,再将肉放入锅中煮……用这一系列步骤便可以形成一个日常生活中的烧菜程序。算法是计算机中的术语,是含有计算的意思,即完成一个功能模块需要的有序计算步骤。算法有别于完整的编译正确的程序。算法可以用任何语言进行描述,是用于描述一个过程的粗略计算方法和步骤,不需要遵循严格的语法格式,只要求表达的过程能够让其他人理解其方法的执行过程即可。由于算法是用于描述可转化为可执行程序的步骤过程,因此必须具备以下几个特征,才能真正是计算机的算法。①算法必须步骤有限,即必须在有限的时间内完成计算。②算法必须是正确的。算法作为计算机程序的设计思路或思想,必须能够转化为可以正确运行的计算机程序,否则是无效的。也就是说一个正确的算法必须在执行结束后得到预期的结果。③算法必须有输出。因为算法设计的目的是要完成一定的功能,其必须能达到计算的目的,即执行结果的输出,否则算法是没有意义的。④算法既然是能够转化为计算机程序,其每个步骤必须是可以量化的。也就是说,算法必须是确切的。例如,烧菜的时候需要放少量盐。这句话是不确定的,因为这个"少量"是无法用确切的数字量化的,计算机中表示的量必须是精确的。⑤算法必须有零个或者多个输入。因为计算机需要数据才能运算,并指出运算结果。在设计算法的时候必须首先明确定义算法的输入和输出是什么。

算法可以解决的问题很广。从计算机中的数据排序,到因特网上大数据的传输、处理,都需要使用设计精妙的算法完成数据的最优传输。为了使传输的信息量最大,冗余数据最低,设计了大量的数据压缩算法和解压缩算法,从而提高了数据传输的效率。另外随着计算机的不断普及、电子商务的迅猛崛起,现代社会利用网络进行购物可以说是非常普遍的行为。然而需要在网络上购物,就必须涉及银行账户的安全。数据的加密、解密以及与之相关的数字签名技术成为网络安全性的重要保障,其基础就是数据加密算法及数论理论。在制造业以及大公司的生产运营中,如何进行资源的有效配置,使利益最大化,其本质就是优化算法的设计问题。一个设计良好的优化算法,能够实现资源的自动优化配置,减少人力成本。

2.2　算法的表示

算法需要利用一定的工具进行表达,使得他人可以清楚理解算法的思想和步骤。对于计算机算法,常用的表达工具有自然语言、流程图、伪代码三种。

自然语言是算法表达最直接、最容易使用的一种工具。我们可以用一个例子来了解自然语言表达算法的过程。例如需要计算 $1+2+3+\cdots+100$。考虑到计算机计算的过程是先把数据存放到内存中,然后再送入 CPU 进行运算,再将结果送回内存的工作模式。我们可以先确定输入和输出。该问题不需要任何外部的输入,利用计算机直接计算可以完成,因此该算法不需要任何输入。输出是该式子的和。由此,可以设计算法如下。

输入:无。

输出:和(sum)。

步骤 1:设定 sum 的初始值为 0;并且使用符号 i 表示累加的次数,初始值设为 1。

步骤 2:sum 的值加上 i 的值,再放入 sum 中。

步骤 3:i 加上 1。

步骤 4:重复步骤 2 和步骤 3,一直到 i 为 101 的时候再转到步骤 5。

步骤 5:输出 sum。

步骤 6:算法结束。

以上就是利用自然语言表示 1～100 累加的算法流程。用自然语言表示的算法通俗易懂,表达比较简单直接。但是自然语言的缺点也非常明显。自然语言的先天缺陷在于其表达容易产生歧义,不够精确严谨,同样的一句话可能由不同的人阅读而产生不同的理解,另外由于不同国家的人的语言系统是不同的,不适合所有人阅读。因此,需要一种更通用的表示方式进行算法的表达。

流程图是计算机研究人员开发出来的一种通用的、直观的、表达更加清晰准确的工具,是目前为止使用最广泛的算法表达工具。流程图有两种:一种是传统的流程图;另一种是 NS 流程图,以下分别进行介绍。使用传统流程图进行算法表示首先需要熟悉流程图的各个符号。

流程图的各个符号中(见图 2.1),判断框有两条流程线引出,用于表示两条不同的流程,每条流程需要标明是真(T)还是假(F)。现在仍然以设计累加算法为例说明如何设计利用流程图表示的算法。

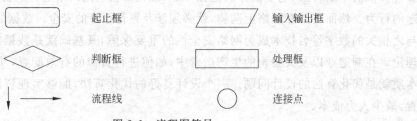

起止框	输入输出框
判断框	处理框
流程线	连接点

图 2.1　流程图符号

NS 图是另一种表示流程图的算法,是由美国人 I. Nassi 和 B. Shneiderman 共同提出的,其根据是既然任何算法都是由流程图表示的,那么流程图中的线则是多余的,因此,NS 图是流程图的另外一种表现形式而已。

如图 2.2 所示为从 1 加到 100 的两种方式的流程图表示。

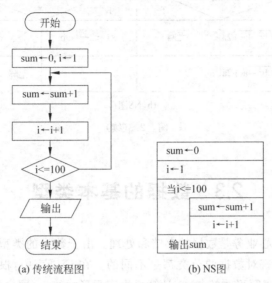

(a) 传统流程图　　　　　　　　　(b) NS图

图 2.2　从 1 加到 100 的两种方式的流程图表示

【例 2.1】　求方程 $ax^2+bx+c=0$ 的根,分别用传统流程图和 NS 图表示算法,如图 2.3 所示。

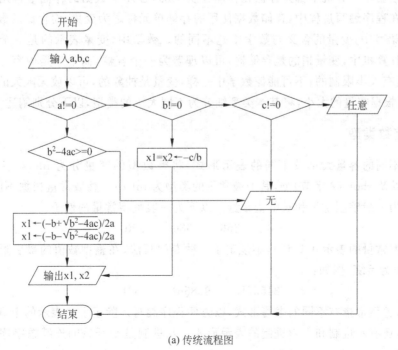

(a) 传统流程图

图 2.3　方程 $ax^2+bx+c=0$ 求解的两种流程图表示方法

15

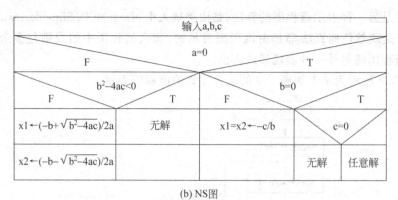

(b) NS图

图 2.3(续)

2.3 数据的基本类型

　　计算机处理的核心业务是数据的存储和处理。由于数据的类型很多,需要进行分类处理。每种计算机语言对数据的分类都是不同的。在 C 语言中,根据不同的性质,将数据划分为三个集合:书写形式统一,在计算机中表示形式统一(同样的编码方式),对同类数据做的操作相同。C 语言的数据类型包括字符类型、整数类型、实数类型。在程序编写中出现的所有基本数据都属于某个基本类型。

　　由于数据在计算机中都是存储在存储介质中的,程序中数据的存储最常用的就是内存。一般在程序编写过程中,存储数据使用的存储单元称之为变量,而存储的数据称为常量。在 C 语言中,变量的含义与数学中是不同的。数学中,变量表示的是一个抽象的数值。而在计算机中,变量指的是存储器,可以理解为一个容器,而常量是内容。既然是容器,肯定是有大小限制的,不可能像数学中一样,变量是抽象的,可以放无限大的数值。在 C 语言中,根据容量的大小,将基本类型细分为不同大小的类型,以下分别阐述。

1. 整数类型

　　根据不同的容量大小及不同的表示形式,将整数型的变量分为 int(4 字节)、long(4 字节)以及 short(2 字节)型,其中最常用的类型为 int 型。整数常量根据不同的类型,也可以分为一般整型常量和长整型常量。以下为一般整型常量的例子。

0　　　356　　　980　　　990

　　长整型常量的表示在 C 语言中规定了一种专门写法,在整型数值的最后附一个字母 l 或者 L 作为后缀,例如:

34567L　　　90856L　　　56L

　　另外,整型常量有不同的书写形式,以方便程序编写。除了上述表示的十进制的表示形以式外,还有八进制和十六进制的表示形式。八进制是 0 开始的连续数字序列组成的数值,例如:

$$045 \qquad 0762 \qquad 0567L \qquad 0316$$

十六进制整型常量表示的方式是以 0x 开始的数值序列组成的数组,对于超过 9 的数值,用 a~f 来表示 10~15 的数值,其对应关系如下。

字母: a 或 A　b 或 B　c 或 C　d 或 D　e 或 E　f 或 F

表示的数字: 10　　11　　12　　13　　14　　15

例如,以下为十六进制的数值。

$$0x456 \qquad 0xaff \qquad 0x145f$$

注意:以上三种不同形式表示的数据都是整型数据,在物理内存中的存储形式没有区别。

2. 实数类型

实数在计算机中是以浮点数的形式表示的。根据不同的表示形式及存储大小,将实数型分为 float 类型和 double 类型。其中 float 类型的数用 4 字节 32 位二进制表示,表示的数据大约为 7 位十进制有效数字,可以表示的数值范围为 $(-3.4 \times 10^{-38} \sim 3.4 \times 10^{38})$。

double 类型的数值用 8 字节 64 位二进制表示,约有 17 位十进制有效数字,其数值的表示范围为 $(-1.7 \times 10^{-308} \sim 1.7 \times 10^{308})$。

实数型的常量也有两种不同的类型。float 类型的常量是在数值的最后加 f 后缀,例如:

$$3.14f \qquad 4.67f \qquad 234.56f \qquad 21.9f$$

double 类型的常量则只需要在后缀中加上 L,例如:

$$3.34L \qquad 567.98L \qquad 23.45L \qquad 3.14L$$

实数的表示形式也有两种:一种是前面提到的一般的数值形式;另一种是指数形式。指数部分以 e 或者是 E 开头,指数部分不能包含小数点。以下为指数形式。

$$2.34E-9 \qquad 3.14E6 \qquad 1E-6 \qquad 2.7E-7$$

3. 字符类型

字符型数据与一般的数值型数据区别比较大,主要用于程序的输入与输出。此外,文字处理也是一个重要的应用领域。字符型常量是用单引号括起来的一个符号,例如:

$$'a' \qquad 'b' \qquad 'c' \qquad '=' \qquad '?' \qquad '!'$$

除了这类常规的字符常量外,在 C 语言中还有一类比较特殊的称为转义字符的字符常量,用来表示一些无法用显式字符表示的含义字符,如回车、制表符等。转义字符以反斜杠"\"开头,后跟一个或几个字符,表示的意思与原有的字符含义不同。例如,'\n' 不表示字符 'n',而是表示回车换行。'\t' 表示水平制表符。常用的转义字符及其含义如表 2.1 所示。

另外,其他常规字符也可以用转义字符来表示,如"\ddd"就可以用八进制数来表示所有的字符编码。

字符在内存中的存储是以一个字节进行存储,本质上也是以整数的形式表示。任何一个字符都有一个对应的编码存储在内存中,这种字符与编码的对应关系称为 ASCII

17

码。例如字符'a'对应的 ASCII 码是 97。因此,从本质上来说,字符常量其实是一个整数。

表 2.1 常用的转义字符及其含义

转义字符	转义字符的意义	ASCII 代码
\n	回车换行	10
\t	横向跳到下一制表位置	9
\b	退格	8
\r	回车	13
\f	走纸换页	12
\\	反斜线符"\"	92
\'	单引号符	39
\"	双引号符	34
\a	鸣铃	7
\ddd	1~3 位八进制数所代表的字符	
\xhh	1~2 位十六进制数所代表的字符	

字符变量用 char 关键字进行声明,声明的方式与其他数值型变量相同。

字符串是由多个单一字符组成的数据,用双引号括起来。字符串的例子如下:

"China" "American" "Welcome"

注意:字符串长度与字符串所占的字节长度的区别:字符串长度指的是字面看到的字符串中字符的个数,而字符串所占的字节长度要比字面长度多 1。例如字符串"China",其字符串长度为 5,但是其所占的字节长度为 6。这是由于任何一个字符串都以 '\0' 结尾。

4. 复合数据类型

在 C 语言中,除了三种基本的数据类型以外,还有复合数据类型,如数组、枚举、结构体等。

数组是一组相同类型数据的集合,其特点是所有数据在内存中依次排列,数组中元素的位置使用表示数组首地址的数组名称以及元素在数组中的位置唯一确定。数组的定义、元素引用见例 2.2。

【例 2.2】 统计一组整数中负数的个数。

```
#include<stdio.h>
int main()
{
    int a[10]={0},i,cnt=0;
    printf("请输入十个整数:\n");
    for(i=0;i<10;i++)
        scanf("%d",&a[i]);
    for(i=0;i<10;i++)
        if(a[i]<0) cnt++;
```

```
        printf("cnt=%d",cnt);
    retrun 0;
}
```

数组在定义的时候,其指定的长度必须使用常量或者是常量表达式。数组元素的引用则可以使用变量,如例 2.2 中的 a[i]。数组在定义的同时可以初始化。数组初始化的方式与基本数据类型的变量不同。以下列出了数组初始化的几种方式。

```
int a[]={1,2,3,4};              //数组的长度未指定,通过初始化数据的个数确定
int a[10]={1,2,3,4};            //数组部分初始化,未初始化的元素则默认为 0
```

注意:数组的索引是从 0 开始编号的,即数组的第一个元素编号为 0,最后一个元素的编号则是长度减 1。如在例 2.2 中,数组 a 的第一个元素为 a[0],最后一个元素为 a[9],a[10]不属于该数组的元素。如果数组越界,C 语言不提供检查机制,也就是说当程序员在引用数组元素以外的元素时,编译器不会提示错误信息,而在程序运行时才会出错,这给编程人员制造了不小的麻烦,需要特别注意这个问题。

2.4　数　据　运　算

C 语言中基本的算术运算符有 ＋、－、＊、、、％,其中％是用于整数的取余运算,因此该运算符针对的运算对象一定要是整数。在数据运算过程中,需要遵循以下几条规则。

(1) 同种数据类型的数据相互运算,其结果的数据类型不变。例如 3/5 的运算结果为 0。由于 3 与 5 都是整型常量,相除的结果一定是整型,因此结果不会得到 0.6。

(2) 不同数据类型相互运算时,首先将不同数据类型的数据转化为同种数据类型,然后再进行运算。其转化的规则是将表示范围小的转化为表示范围大的类型。基本数据类型从小到大的排列顺序为:

$$short \quad int \quad long \quad float \quad double$$

例如,计算表达式 2L＋3 ＊ 4.5,先将 int 类型的 3 转换为 double 类型的 3.0,与 4.5 运算得到 double 类型的结果。下一步将 long 类型的 2L 转换为 double 类型,再参与运算。

【例 2.3】　将华氏温度(f)转化为摄氏温度(c),转化公式为 c＝5/9(f－32)。

```
#include<stdio.h>
int main()
{
    double c,f;
    printf("请输入摄氏温度:\n");
    scanf("%lf",&f);
    c=5.0/9 * (f-32);
    printf("c=%g",c);
    return 0;
}
```

（3）如果表达式自然的计算结果类型不符合编程的需要，可以进行显式的强制类型转换。例如，int a＝(int)3.5＊6＋7。这里值得注意的是，强制类型转换可能会影响数据的精度，需要谨慎使用。

除了基本的算术运算符，C 语言还提供了另外一些常用的运算符，如括号运算符，它们用于提高表达式的运算优先级，增强表达式的可读性。例如，(3＋4＊(5－2.1))/(3/8)。复合运算符的使用则大大提高了表达式的简洁性，并提高了运算效率。这些运算符包括＋＝、－＝、/＝、＊＝、％＝。例如 a＝a＋3 可以用复合运算符表达为 a＋＝3。例 2.4 为 C 语言的基本算术运算举例。

【例 2.4】 求一个三位数的各个位数的立方和。

```c
#include<stdio.h>
int main()
{
    int number,a100,a10,a,sum;
    printf("请输入一个三位数：\n");
    scanf("%d",&number);
    a100=number/100;
    a10=number/10%10;
    a=number%10;
    sum=a100*a100*a100;
    sum+=a10*a10*a10;
    sum+=a*a*a;
    printf("sum=%d",sum);
    return 0;
}
```

（4）C 语言中还提供了＋＋、－－运算符。＋＋表示自身加 1，而－－表示自身减 1。＋＋与－－可以前置，也可以后置，但其运算的顺序是不同的。对于前置的＋＋与－－，是先将变量的值加 1 或减 1，然后再进行表达式的运算。而对于后置的情况，则是先将变量参与表达式运算，再对变量的值进行自加和自减。特别需要注意的是，自加与自减运算符只针对变量，如果对常量进行自加与自减，编译器将报错。

【例 2.5】 表达式求值。

```c
#include<stdio.h>
int main()
{
    int a=3,b=4;
    float x=3.41,y;
    y=++a*b+x;
    printf("y=%g\n",y);
    y=a*b+x++;
    printf("y=%g",y);
    return 0;
}
```

该程序的运行结果为：

```
y=19.41
y=16.41
```

另外,C 语言的标准函数库提供了其他高级数学运算的功能,供编程人员调用,如开方运算、对数运算等,如例 2.6 所示。以下列出了标准数学函数库 math.h 中的部分常用数学函数。

int abs(int i):返回整型参数 i 的绝对值。

double fabs(double x):返回双精度参数 x 的绝对值。

long labs(long n):返回长整型参数 n 的绝对值。

double exp(double x):返回指数函数 e^x 的值。

double log(double x):返回 ln(x)的值。

double sqrt(double x):返回 x 的开方值。

double pow(double x,double y):返回 x^y 的值。

double cos(double x):返回 x 的余弦函数值。

double sin(double x):返回 x 的正弦函数值。

double tan(double x):返回 x 的正切函数值。

【例 2.6】　表达式求值:$y=(\sin x+\cos x)/(1+\log x)$。

```
#include<stdio.h>
#include< math.h>
int main()
{
    float x,y;
    printf("请输入一个三位数:\n");
    scanf("%f",&x);
    y=sin(x)+cos(x);
    y/=(1+log(x));
    printf("sum=%f",y);
    return 0;
}
```

2.5　基本输入输出

编写好的 C 程序是在控制台中运行的,所有的输入输出都是在控制台环境下进行的,称为标准的输入输出。如图 2.4 所示。

C 程序中,使用标准函数库中的 printf 函数完成向控制台输出信息的功能。由于控制台是全字符的屏幕模式,因此只能向控制台输出字符。printf 函数的用法可以罗列如下:

(1) 输出字符串,只需要在 printf()的括号中放入需要输出的字符串。例如需要输出一串字符 Hello world,则需要在源程序中输入:

```
printf("Hello world\n");
```

图 2.4　输入输出控制台

（2）输出变量的值，"int a＝9；printf（"a＝%d",a）;"语句在控制台中会输出"a＝9"。输出变量需要根据不同的类型在格式控制字符串中放入不同的格式控制符。如图 2.5 所示。

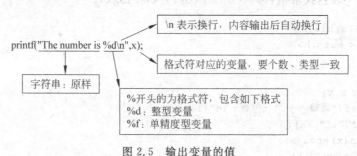

图 2.5　输出变量的值

（3）输出一个浮点型变量的值，需要考虑浮点型变量的数值有效位数。使用 printf 输出浮点型变量可以控制其输出的有效位数。其格式为：

```
printf("%m.nf",x);
```

其中，m 为浮点型变量 x 输出的总的位数（包括小数点）；n 表示小数点后的精度，即需要保留的小数点后的有效位数。例 2.7 是数据输出的例子。

【例 2.7】　数据输出。

```
#include<stdio.h>
#include<math.h>
int main()
{
    float x=55.1234
    printf("x=%8.5f",x);
    printf("x=%6.3f",x);
    printf("x=%5.6f",x);
    printf("x=%.4f",x);
```

```
    return 0;
}
```

运行结果如图 2.6 所示。

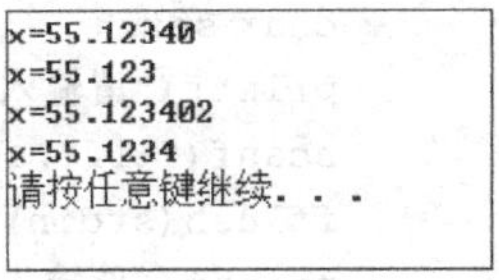

输入则使用标准函数库中的 scanf 函数来完成。其用法为：

```
x=55.12340
x=55.123
x=55.123402
x=55.1234
请按任意键继续...
```

图 2.6　程序运行结果

```
scanf("...",&变量名1,&变量名2,...,&变量名n);
```

例如：

```
scanf(" %d,%d,%d ",  &a,&b,&c);
```

scanf 与 printf 格式相对应。格式字符串中如果含有除了格式控制符以外的其他字符，则在程序运行时必须原样输入，格式控制符则按照格式替换成需要输入的数值。输入的数值存入相应的变量中。特别需要注意的是，变量的地址列表中的变量前需要加上取地址符号。

值得一提的是，在输入字符变量的值的时候，需要特别注意回车的问题。对于一般的数值型变量值输入，如 float、int 等，在输入数值的时候，多个变量之间的空格、回车等间隔符及表示输入完成的回车都会被 scanf 自动忽略。而字符型变量则不同，当输入一个字符型变量的值时，任何键盘输入均作为一个字符输入，没有任何间隔符。具体可以参看以下例子。

【例 2.8】　字符输入(1)。

```
#include<stdio.h>
int main()
{
    float x;
    char ch,ch1;
    scanf("x=%f",&x);
    scanf("%c",&ch);
    printf("x=%f",x);
    printf("ch=%d",ch);
    return 0;
}
```

当程序运行的时候，如果需要输入 23.4 给变量 x，输入字符 'a' 给变量 ch，在控制台中进行输入的格式应该为（↵表示回车）：

```
x=23.4a ↵
```

如果需要将 23.4 之后的字符 a 赋值给变量 ch，那么 23.4 与 a 之间不能加任何间隔符（空格或回车），否则将被认为是输入赋值给变量 ch。如果要在数值输入之后完成输入（按 Enter 键表示输入完成），在第二步输入时，再将字符值赋值给字符变量，则需要将前面表示数值输入结束的回车从输入缓存中清空。标准函数库中提供了 fflush() 函数完成这个操作。例 2.9 说明了这个问题。

【例 2.9】　字符输入(2)。

23

```
#include<stdio.h>
int main()
{
    double height;
    char sex;
    printf("请输入您的身高：\n");
    scanf("%lf",&height);
    fflush(stdin);
    printf("请输入您的性别(F 或 M)：\n");
    scanf("%c",sex);
    printf("您的身高是：%g,您的性别是:%c\n",height,sex);
    return 0;
}
```

字符是计算机中常用的数据处理类型。C 语言的标准库函数中提供了一组专用的函数作为字符的输入与输出。字符的输入用 getchar()，字符的输出则使用 putchar()。具体的用法可以参见例 2.10。

【例 2.10】 字符输入(3)。

```
#include<stdio.h>
int main()
{
    char ch,ch1;
    ch=getchar();
    ch1=getchar();
    putchar(ch);
    printf("ch1=%c",ch1);
    return0;
}
```

字符串的输入输出则与前述三种基本类型的输入输出不同。在 C 语言的标准库函数中也提供了一组专门用于字符串输入输出的函数 gets()与 puts()。其具体用法可以参见例 2.11。

【例 2.11】 字符串的输入与输出。

```
#include<stdio.h>
int main()
{
    char s[50],str[100];
    scanf("%s",s);
    gets(str);
    puts(str);
    printf("s=%s",s);
    return 0;
}
```

注意：使用 scanf 从键盘接收一个字符串时，其变量格式中 s 前面没有取地址符号。这是由于 s 表示的不是基本类型的变量，而是数组的名称，数组的名称表示的是数组的首

24

地址,其含义本身就是地址,因此不需要取地址。

2.6　编译预处理

以"#"号开头的代码称为预处理命令。预处理命令是在程序编译之前处理的,因此称为预处理。如文件包含命令#include,几乎在所有程序中都会出现。其他的预处理命令如#define,也经常出现在程序中。在源程序中这些命令都放在函数之外,而且一般都放在源文件的前面。

预处理是 C 语言的一个重要功能,它由预处理程序在其他部分代码编译之前负责完成。当对一个源文件进行编译时,系统将自动引用预处理程序对源程序中的预处理部分作处理,处理完毕自动进入对源程序的编译。

C 语言中常用的预处理功能有宏定义、文件包含、条件编译等。预编译命令在程序的移植、调试方面有非常重要的作用,可以减少调试人员的代码编写量,方便代码的兼容性移植。

在 C 语言源程序中允许用一个标识符来表示一个字符串,称为"宏"。被定义为"宏"的标识符称为"宏名"。在编译预处理时,对程序中所有出现的"宏名",都用宏定义中的字符串去代换,这称为"宏代换"或"宏展开"。

宏定义是由源程序中的宏定义命令完成的。宏代换是由预处理程序自动完成的。

在 C 语言中,"宏"分为有参数和无参数两种。下面分别讨论这两种"宏"的定义和调用。

无参宏的宏名后不带参数。

其定义的一般形式为:

```
#define 标识符 字符串
```

其中的"#"表示这是一条预处理命令。凡是以"#"开头的均为预处理命令。define 为宏定义命令。"标识符"为所定义的宏名。"字符串"可以是常数、表达式、格式串等。

在前面介绍过的符号常量的定义就是一种无参宏定义。此外,常对程序中反复使用的表达式进行宏定义。

例如:

```
#define F (x * x-5 * x+4)
```

即使用字符串表达式(x * x−5 * x+4)替换之后程序中出现的标识符 F。对源程序作编译时,将先由预处理程序进行宏代换,即用(x * x−5 * x+4)表达式去置换所有的宏名 F,然后再进行编译。

【例 2.12】　宏定义。

```
#define F (x * x-5 * x+4)
int main()
{
```

25

```
        float y,x;
        printf("input a number:  ");
        scanf("%f",&x);
        y=3*F+2*F+3*F;
        printf("y=%g\n",y);
        return 0;
    }
```

例 2.12 程序中首先进行宏定义,定义 F 来替代表达式($x*x-5*x+4$),在 $y=3*F+2*F+3*F$ 中作了宏调用。在预处理时将宏展开后该语句变为:

```
y=3*(x*x-5*x+4)+2*(x*x-5*x+4)+3*(x*x-5*x+4);
```

但要注意的是,在宏定义中表达式($x*x-5*x+4$)两边的括号不能少。否则会发生错误。如当作以下定义后:

```
#difine F x*x-5*x+4
```

在宏展开时将得到下述语句:

```
s=3*x*x-5*x+4+2*x*x-5*y+4+3*x*x-5*x+4;
```

这相当于:

```
3x²-5x+4+2x²-5x+4+3x²-5x+4;
```

$$3x^2-5x+4+2x^2-5x+4+3x^2-5x+4;$$

显然与原题意要求不符。计算结果当然是错误的。因此在作宏定义时必须十分注意。保证在宏代换之后不发生错误。

对于宏定义的几点说明。

(1) 宏定义是用宏名来表示一个字符串,在宏展开时又以该字符串取代宏名,这只是一种简单的代换,字符串中可以含任何字符,可以是常数,也可以是表达式,预处理程序对它不作任何检查。如有错误,只能在编译已被宏展开的源程序时发现。

(2) 宏定义行末不能加分号,如加上分号,分号将作为宏的一部分进行处理。

(3) 宏定义的作用域为宏定义命令起,到源程序结束。如要终止其作用域,可使用 #undef 命令。

例如:

```
#define PI 3.1415927
int main()
{
    ...
}
#undef PI
fun()
{
    ...
}
```

以上程序表示 PI 只在 main 函数中有效,在 fun 中无效。

（4）宏名在源程序中若用引号括起来，则预处理程序不对其作宏代换。

【例 2.13】　被程序括起来的宏不作代换。

```
#define NUM 321
int main()
{
    printf("NUM");
    printf("\n");
    return 0;
}
```

该例中定义宏名 NUM 来表示 321，但在 printf 语句中 NUM 被引号括起来，因此不作宏代换。程序的运行结果为"NUM"，这表示把 NUM 当字符串处理。

（5）宏定义允许嵌套，在宏定义的字符串中可以使用已经定义的宏名。在宏展开时由预处理程序层层代换。

例如：

```
#define PI 3.1415927
#define AREA PI * x * x          /* PI 是已定义的宏名 */
```

对语句

```
printf("%f",AREA);
```

在宏代换后变为

```
printf("%f",3.1415927 * x * x);
```

（6）习惯上约定宏名用大写字母表示，以便与一般的变量区别。但也允许用小写字母。

文件包含是 C 预处理程序的另一个重要功能。

文件包含命令行的一般形式为：

```
#include"filename"
```

在前面我们已多次用此命令包含过库函数的头文件。例如：

```
#include<stdio.h>
#include<math.h>
```

文件包含命令的功能是把指定的文件插入该命令行位置以取代该命令行，从而把指定的文件和当前的源程序文件连成一个源文件。

在程序设计中，文件包含是很有用的。一个大的程序可以分为多个模块，由多个程序员分别编程。有些公用的符号常量或宏定义等可单独组成一个文件，在其他文件的开头用包含命令包含该文件即可使用。这样，可避免在每个文件开头都输入那些公用量，从而节省时间，并减少出错。

对文件包含命令还要说明以下几点。

（1）包含命令中的文件名可以用双引号括起来，也可以用尖括号括起来。例如，以下写法都是允许的。

```
#include"stdio.h"
#include<math.h>
```

但是这两种形式是有区别的：使用尖括号表示在包含文件目录中去查找（包含目录是由用户在设置环境时设置的），而不在源文件目录去查找。

使用双引号则表示首先在当前的源文件目录中查找，若未找到，才到包含目录中去查找。在实际编程中，建议读者：当所要包含的头文件为自己编写，则应该使用双引号的方式进行引用；而当所要包含的头文件为标准库头文件时，则采用尖括号的形式。

(2) 一个 include 命令只能指定一个被包含文件。若有多个文件要包含，则需用多个 include 命令。

(3) 文件包含允许嵌套，即在一个被包含的文件中又可以包含另一个文件。

第3章 C语言的基本控制结构

C语言有三种基本的结构,所有的程序无论是简单还是复杂,都是在这单重基本结构上扩展出来的。这三种结构是:顺序结构、选择结构、循环结构。

3.1 顺序结构

顺序结构是C语言中最简单的结构,它按照事情发生的先后顺序来组织语句,比如给用户一个提示,提示将要输入一个数,那么提示是发生在输入之前的,按照顺序结构的思想,就应该把提示的语句写在输入语句之前。因此,在顺序结构程序中,各语句(或命令)是按照位置的先后次序顺序执行的,且每条语句都会被执行到。

【例3.1】 编写程序,实现两个变量值的交换功能。

```
#include<stdio.h>
int main()
{
    float a,b,t;
    printf("请输入 a,b 的初始值,用空格隔开两数:");        //在输入数值之前做提示
    scanf("%f%f",&a,&b);
    printf("交换之前 a,b 的值\n");                        //在显示原始数据之前进行提示
    printf("a=%f,b=%f\n",a,b);
    t=a;
    a=b;
    b=t;
    printf("交换之后 a,b 的值\n");
    printf("a=%f,b=%f\n",a,b);
    return 0;
}
```

该程序是一个顺序结构的程序,将从上往下顺序地执行每一条语句,执行结果如下图3.1所示。

图 3.1 例 3.1 的执行结果

3.2　选择结构

选择结构是三种基本结构之一,其作用是根据指定的条件所满足的情况转而执行相应的操作。C 语言用关系表达式和逻辑表达式通过 if 语句实现简单的选择结构,if-else 语句实现双分支选择,用 if-else if-else 语句和 switch 语句实现多分支选择。

3.2.1　if 语句的三种形式

形式一格式:

```
if(表达式) 语句
```

执行过程:仅当表达式为真时执行语句,表达式为假时不执行任何语句。流程图如图 3.2 所示。

形式二格式:

```
if(表达式)
    语句 1
else
    语句 2
```

执行过程:当表达式为真时执行语句 1,表达式为假时执行语句 2。两种情况总会有一种被执行。流程图如图 3.3 所示。

图 3.2　if 语句流程图

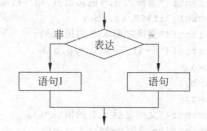

图 3.3　if-else 语句流程图

形式三格式:

```
if(表达式 1)  语句 1
else if(表达式 2)  语句 2
else if(表达式 3)  语句 3
    ⋮
else if(表达式 m)  语句 m
else  语句 n
```

执行过程:在表达式 1 为真时执行语句 1。在表达式 1 为假的前提条件下,表达式 2

为真则执行语句 2。在表达式 2 为假的前提条件下如果表达式 3 为真则执行语句 3……
上面所有表达式都不成立时,执行 else 下的语句 n。else if 后的每一个表达式都隐含上
面表达式不成立的意思。流程图如图 3.4 所示。

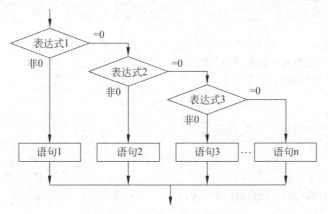

图 3.4　if-else if-else 语句流程图

很多时候,选择结构的表达很灵活,可以用多种语句表达出一个含义,并且三种结构
相互之间也可以嵌套使用。

【例 3.2】　有一函数如下:

$$y = \begin{cases} x & (x < 1) \\ 2x - 1 & (1 \leqslant x < 10) \\ 3x - 11 & (x \geqslant 10) \end{cases}$$

A. 用 scanf 函数输入 x 的值,求 y 值。

B. 运行程序,输入 x 的值(分别为 x<1、1≤x<10、x≥10 三种情况),检查输出的 y
的值是否正确。

解题思路 1:题目中的分段函数的 3 种情况相互独立,可以用 3 个独立的 if 语句进行
表达。

```c
#include<stdio.h>
int main()
{
    float x,y;
    printf("请输入 x 的值:");
    scanf("%f",&x);
    if(x<1)
        y=x;
    if(x>=1&&x<10)        //请注意在 C 语言中"并且"功能的表达方式
        y=2*x-1;
    if(x>=10)
        y=3*x-11;
    printf("对应的 y 的值是%.2f",y);
    return 0;
}
```

解题思路2：题目中的分段函数是典型的3选1的结构，可以使用if-else if-else结构来表达。

```c
#include<stdio.h>
int main()
{
    float x,y;
    printf("请输入 x 的值:");
    scanf("%f",&x);
    if(x<1)
        y=x;
    else if(x<10)
        y=2 * x-1;
    else
        y=3 * x-11;
    printf("对应的 y 的值是%.2f",y);
    return 0;
}
```

解题思路3：可以理解为在第一种情况 x<1 成立的情况下执行 y=x，在 x<1 不成立的情况下又分成 x<10 和 x≥10 两种情况，可以使用if-else嵌套结构。

```c
#include<stdio.h>
int main()
{
    float x,y;
    printf("请输入 x 的值:");
    scanf("%f",&x);
    if(x<1)
        y=x;
    else
        {
            if(x<10)
                y=2 * x-1;
            else
                y=3 * x-11;
        }
    printf("对应的 y 的值是%.2f",y);
    return 0;
}
```

思考：还可以怎么表达？

除 if 语句的三种结构外，也可用条件运算符来表示选择结构（见图 3.5）。if 语句中，当表达式为"真"和"假"时，都只执行一个赋值语句给同一个变量赋值时，可以用条件运算符处理。格式如下：

表达式 1 ？ 表达式 2：表达式 3

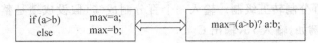

if (a>b)	max=a;		max=(a>b)? a:b;
else	max=b;		

图 3.5　条件运算符和 if-else 语句的对应关系

3.2.2　多分支语句 switch

一般形式：

```
switch(表达式 e)
{
    case  C₁:
        语句 1; break;
    case  C₂:
        语句 2; break;
     ⋮
    case  Cₙ:
        语句 n; break;
    [default:语句 n+1; break;]
}
```

执行过程：常量表达式 C_1 , C_2 , $\cdots$, C_n 是表达式 e 可能的正常取值，非正常的取值放入 default 语句中，根据表达式 e 的取值跳转到对应的 case 语句执行。

流程图如图 3.6 所示。

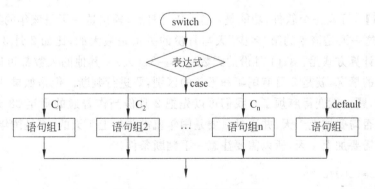

图 3.6　switch 语句的流程图

switch 语句的几点说明。

- C_1 , C_2 , $\cdots$, C_n 是常量表达式，且值必须互不相同。
- 常量表达式起语句标号的作用，必须用 break 语句跳出。不加 break 语句会把这个分支及其以后的所有分支都执行出来。
- case 后可包含多个可执行语句，且不必加{ }。
- switch 语句可嵌套。
- 多个 case 可共用一组执行语句。

【例 3.3】 百分制转五级制。输入一个百分制成绩（假设成绩是整数），输出一个五级制成绩等级。例如，输入 75，输出 C。

```c
#include<stdio.h>
int main()
{
    int x;
    printf("请输入百分制成绩:");
    scanf("%d",&x);
    if(x<0||x>100)
        printf("您的输入有误!");
    else
        {
            switch(x/10)                   //表达式可以灵活处理,以便于表达
            {
            case 0:case 1:case 2:case 3:case 4:case 5: printf("grade E\n");
                break;                    //多个 case 语句共用一个表达式
            case 6: printf("grade D\n");break;
            case 7: printf("grade C\n");break;
            case 8: printf("grade B\n");break;
            case 10:case 9: printf("grade A\n");break;
            //default 语句不是必需的,可以没有,应根据具体情况而定
            }
        }
    return 0;
}
```

【例 3.4】 开发一个软件，功能是：输入年月日后，输出这一天是该年的第"多少"天。

分析：这一天是该年的第"多少"天与月份的关系是最大的，比如 2 月 3 日是这一年的第 34 天，计算方式是：31（1 月份的天数）＋3＝34（天）。其他的天数都可以依次计算，但存在特殊的情况，就是 2 月有闰年和平年的区别，要进行判断。但是如果计算到 2 月份就开始判断，题目就变得麻烦了。我们可以先把 2 月份当作普通的平年 28 天对待，在最后再判断是否需要加上 1 天，并不是只要是闰年就需要加上 1 天的，而是闰年且 2 月份已经过去了才需要加上 1 天，所以需要注意一下判断条件。

```c
#include<stdio.h>
int main()
{
    int month,year,day,sum;
    printf("请输入年月日,用空格隔开: ");
    scanf("%d %d %d",&year,&month,&day);
    switch(month)
    {
        case 1:sum=day;break;
        case 2:sum=31+day;break;
        case 3:sum=31+28+day;break;
        case 4:sum=31+28+31+day;break;
        case 5:sum=31+28+31+30+day;break;
```

```
        case 6:sum=31+28+31+30+31+day;break;
        case 7:sum=31+28+31+30+31+30+day;break;
        case 8:sum=31+28+31+30+31+30+31+day;break;
        case 9:sum=31+28+31+30+31+30+31+31+day;break;
        case 10:sum=31+28+31+30+31+30+31+31+30+day;break;
        case 11:sum=31+28+31+30+31+30+31+31+30+31+day;break;
        case 12:sum=31+28+31+30+31+30+31+31+30+31+30+day;break;
    }
if((year%4==0&&year%100!=0||year%400==0)&&month>2)    //闰年且月份大于 2
    sum++;
    printf("这一天是这一年的第%d天",sum);
    return 0;
}
```

3.3　循　环　结　构

我们在编写程序时,经常遇到很多问题是重复执行的,比如将下列图形重复输出 10 行:

* * * * * * * * * * * * * * *

我们知道,输出一次的语句是"printf("* * * * * * * * * * * * * * *\n");"。如果用以前学的方法,把这个语句重复写上 10 次虽然可用实现,但是如果是重复 50 次、100 次呢?还这样写吗?这样工作量大,程序冗长,难以阅读维护,是不可取的! 我们考虑能否控制这个语句自己重复执行若干次? 这个实现方法就是循环。

程序中凡涉及求阶乘、累加、排序、重复输入等问题都要考虑使用循环语句解决,因为程序中的某一程序段要重复执行若干次。

3.3.1　循环语句的表达

1. while 语句

while 语句实现先判断后执行的循环结构。一般形式如下:

```
while(表达式)
    循环体语句;
```

功能:先判断表达式,若为真则执行循环体。再判断表达式。重复上述过程,直到表达式为假时退出循环。

【例 3.5】　用 while 语句来实现上面的重复输出问题。

分析:我们设置一个整形变量 i 用来做循环控制变量,让 i 来计数,i 为 1 时就执行 1 次并产生第 1 行图形;i 的值变为 2,就产生第 2 行图形……当 i 的值为 10 时,产生第 10 行图形。循环此时停下来,那么我们设置的循环控制表达式可以表示为 i≤=10,i 在每次执行完输出图形后需要自增 1。

```c
#include<stdio.h>
int main()
{
    int i=1;
    while(i<=10)
    {
        printf("***************\n");
        i++;
    }
    return 0;
}
```

从该实例我们可以看出,要构造循环结构,一般需要一个做循环控制的变量,该循环控制变量需要有初始值使循环判断条件能进行第一次的判断,此循环控制变量一般会按照某个规律进行变化,这个变化使得循环控制条件趋于结束,使循环最终能停下来,否则就变成了死循环。

【例 3.6】 求 $1+2+3+\cdots+100$ 的和。

流程图如图 3.7 所示。

代码如下:

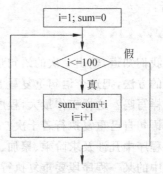

```c
#include<stdio.h>
int main()
{
    int i=1,sum=0;
    while(i< =100);
    { sum=sum+i;
        i++;
    }
    printf("%d",sum);
    return 0;
}
```

图 3.7 例 3.6 用 while 表达流程图

关于 while 循环语句说明如下:
- while 循环先判断表达式,后执行循环体。循环体有可能一次也不执行。
- 循环体若包含一个以上语句,应该用{}括起来。
- 循环体应包含有使循环趋向结束的语句。
- 下列情况,退出 while 循环:条件表达式不成立(为零)。循环体内遇 break。

2. do-while 语句

do-while 语句实现先执行后判断的循环结构。一般形式如下:

do

```
循环体语句；
while(表达式);
```

功能：先执行循环体，然后判断表达式。若为真，则再次执行循环体，否则退出循环。

上面的例 3.6 用 do-while 来表达，流程图如图 3.8 所示。

程序如下：

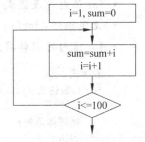

```
#include<stdio.h>
int main()
{
    int i=1,sum=0;
    do
    { sum=sum+i;
        i++;
    } while(i<=100);
    printf("%d",sum);
    return 0;
}
```

图 3.8　例 3.6 用 do-while
表达流程图

while 和 do-while 的比较：

* do-while 循环中，循环体至少执行一次。
* while 和 do-while 可以解决同一问题，两者可以互换。
* while 后的表达式一开始就为假时，两种循环结果不同。

如例 3.6 改成从键盘输入整数 n，求 n+(n+1)+(n+2)+…+100 的和是多少。当输入为 1 时都是求 1+2+…+100，结果是 5050。但是如果输入的是 101，那么 while 语句不会执行，结果仍是初始值 0，而 do-while 会执行一次并判断出不符合条件，结果是 101。

3. for 语句

for 语句是 C 语言中最为灵活、使用最广泛的循环语句，可完全替代 while、do-while 语句。for 语句与 while 语句一样，都是先判断后执行的循环语句。一般形式如下：

```
for(表达式 1; 表达式 2; 表达式 3)
    循环体语句；
```

常用形式如下：

```
for(循环变量赋初值;循环条件;循环变量增值)
    循环体语句；
```

用 for 语句实现例 3.6 的程序如下：

```
#include<stdio.h>
int main()
{
    int i,sum=0;
    for(i=1;i<=100;i++)
        sum+=i;
    printf("%d",sum);
```

```
    return 0;
}
```

说明：

- for 语句中表达式 1～表达式 3,都可省略,但分号";"不能省略。
- 无限循环：for(;;)语句会不断执行循环体,循环不终止。
- for 语句可以转换成如下的类似 while 语句的结构。

```
表达式 1;
for(;表达式 2;)
{
    循环体语句;
    表达式 3;
}
```

for 语句的几种变化形式。

- 省略表达式 1：应在 for 之前为变量赋初值。
- 省略表达式 2：循环条件始终为"真",循环不终止。
- 省略表达式 3：应另外设法使程序能够结束。
- 省略表达式 1 和表达式 3：完全等同于 while 语句。
- 三个表达式都省略：无初值,不判断条件,循环变量不增值,是死循环。

4. 循环的嵌套

一个循环体内又包含了另一个完整的循环结构,称为循环的嵌套。三种循环可以互相嵌套,层数不限。

我们思考上面讲过的例 3.5,即重复输出 10 行"＊＊＊＊＊＊＊＊＊＊＊＊＊＊＊"的题目。既然一行可以循环,一个＊也是可以循环的。我们将一个＊循环 15 次输出,再输出一个换行就实现了上面的一行＊的图形。代码如下：

```
int j;
for(j=1;j<=15;j++)
    printf("*  ");
printf("\n");
```

我们用这段代码代替上面例 3.5 中的 printf("＊＊＊＊＊＊＊＊＊＊＊＊＊＊＊\n")这句代码。用 for 语句来完整实现例 3.5 的代码如下：

```
#include<stdio.h>
int main()
{
    int i,j;
    for(i=1;i<=10;i++)
    { /*外循环不仅要控制内循环产生一行 15 个＊。还需要控制每行后面的换行,不只控制一
        句,所以要加一对花括号。*/
        for(j=1;j<=15;j++)
            printf("* ");
```

```
        printf("\n");        //输出换行是在输出 15 个 * 以后,在内循环的外面实现
    }
    return 0;
}
```

由以上代码可以看出循环嵌套的运行机制:外层循环一次,内层循环一圈。

【例 3.7】　循环控制输出九九乘法表。

```
#include<stdio.h>
int main()
{
    int i,j;
    for(i=1;i<10;i++)
    {
        for(j=1;j<=i;j++)        //i 变化一次,j 要从 1~i 变化一圈
        {
            printf("%d * %d=%-2d   ",j,i,i*j);
        }
        printf("\n");
    }
    return 0;
}
```

3.3.2　break 语句和 continue 语句

1. break 语句

功能:在循环语句和 switch 语句中,终止并跳出循环体或开关体。

说明:

* break 只能终止并跳出最近一层的结构。
* break 不能用于循环语句和 switch 语句之外的任何其他语句之中。

一般形式:

```
break;
```

break 语句常和 if 语句结合起来使用,达到某个条件就跳出循环结构。

【例 3.8】　在正整数中找出 1 个最小的且被 3、5、7、9 除后,余数分别为 1、3、5、7 的数,并输出。

```
#include<stdio.h>
int main()
{
    int i;
    for(i=1;;i++)
        if(i%3==1&&i%5==3&&i%7==5&&i%9==7)break;
    printf("%d\n",i);
    return 0;
```

```
}
```

【例 3.9】 ①输入一个整数,判断是否是素数。②输出 1000 以内的所有素数,每 10 个数换一行。

分析:首先思考一下什么是素数? 素数是除了 1 和它本身不能被其他数整除的数。那么根据定义,我们可以用 2 到这个数减 1 之间的所有数再分别被这个数整除,如果能整除就不符合素数的定义,那当然就不是素数了。如果没有可以整除的数,就可以判断这个数是素数。数学研究证明,判断 n 是否是素数,不需要从 2 到 n−1 进行整除判断操作,只需要从 2 到 n 开根号取整后再看能否被这个数整除即可。例如判断 17 是否是素数,不需要判断 17 是否可以整除 2~16,只需要判断是否可以整除 2~4 即可。

(1) 问题①的代码如下:

```
#include<stdio.h>
#include<math.h>
int main()
{
    int num,i,k;
    printf("请输入一个正整数:");
    scanf("%d",&num);
    k=sqrt(num);                 //只需判断到 num 开根号取整的数的整除情况后即可停下来
    for(i=2;i<=k;i++)            //根据素数的定义,判断应该从是否能整除 2 开始
        if(num%i==0)break;
/* 如果能整除,则肯定不是素数,没必要再继续判断下去了,使用 break 跳出循环。如果是
   素数,则 if 后面的条件一次也不满足,break 一次也不会执行,循环一直继续下去,直到
   条件不满足停下来,停下来的时候 i 的值应是 k+1 */
    if(i>k)                     //此处的条件也可以写成 if(i==k+1)
        printf("%d 是素数\n",num);
    else
        printf("%d 不是素数\n",num);
    return 0;
}
```

(2) 问题②的代码情况。

在问题①的基础上,问题②就比较简单了。我们用循环对 2 和 1000 之间的所有数进行是否是素数的判断就可以了,如果是素数就输出,如果不是不需要做任何操作。由于要设置每 10 个数换一行,我们需要做一个计数的操作,每当判断出一个数是素数的时候就加 1,当这个数能被 10 整除时就输出换行。代码如下:

```
#include<stdio.h>
#include<math.h>
int main()
{
    int num,i,k,count=0;
    for(num=2;num<=1000;num++)
    {
        k=sqrt(num);
        for(i=2;i<=k;i++)
```

```
        if(num%i==0)break;
    if(i>k)
    {
        printf("%5d",num);
        count++;
        if(count%10==0)
                    //思考一下这个 if 语句是放在上个 if 语句内部还是外面更好?
        printf("\n");
    }
    }
    return 0;
}
```

【例 3.10】　猜数游戏的实现。程序随机产生一个 0 和 10 之间的整数,用户输入一个整数猜测是否与随机参数的数相等,相等就输出"恭喜您猜对了!"。否则用户继续输入,直到猜对为止。

分析:用户继续输入,直到猜对为止,这是一个需要用户重复输入的过程,应该用循环结构,而重复的次数是未知的,我们可以设置为无限循环,循环的结束靠 break 来实现。

```
#include<stdio.h>
#include<time.h>
#include<stdlib.h>
int main()
{
    int number,guess;
    srand((unsigned)time(NULL));
    number=rand()%10;
    printf("随机产生了一个 0 和 9 之间的数字,猜数游戏开始");
    while(1)
    {
        printf("请输入您猜测的数: ");
        scanf("%d",&guess);
        if(guess==number)
        {
            printf("恭喜您猜对了! \n");break;
        }
        else
            printf("您猜错了,请重新猜吧! \n");
    }
    return 0;
}
```

2. continue 语句

功能:结束本次循环,跳过循环体中尚未执行的语句,进行下一次是否执行循环体的判断。continue 语句仅用于循环语句中。

break 和 continue 语句的区别:

continue 语句只结束本次循环;break 语句则是结束整个循环。

continue 语句只用于 while、do-while、for 循环语句中；break 语句还可以用于 switch 语句中。

【例 3.11】 输出 100 和 200 之间不能被 3 整除的数。

```
#include<stdio.h>
int main()
{
    int i;
    for(i=100;i<=200;i++)
    {
        if(i%3==0)
            continue;
        printf("%d\n",i);
    }
    return 0;
}
```

3.4 函　数

3.4.1　为什么使用函数

人们在求解某个复杂问题时，通常采用逐步分解、分而治之的方法，也就是将一个大问题分解成若干个比较容易求解的小问题，然后分别求解。程序员在设计一个复杂的应用程序时，往往也是把整个程序划分成若干个功能较为单一的程序模块，然后分别予以实现，最后再把所有的程序模块像搭积木一样装配起来，这种在程序设计中分而治之的策略，被称为模块化程序设计方法。如图 3.9 所示为程序模块化设计示意图。

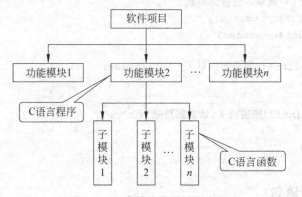

图 3.9　程序模块化设计示意图

为什么要使用函数？原因如下：

（1）使用函数不仅可以实现程序的模块化，使程序设计得简单和直观，提高了程序的易读性和可维护性。

（2）编写自定义函数库。把一些常用的或某些特定功能的程序制作成自己的函数库，以供随时调用，这样可以大大减轻日后编写代码的工作量。

（3）通过对函数的学习，掌握模块化程序设计的理念，为将来进行团队合作并协同完成大型应用软件奠定一定的基础。

函数的实质：函数其实就是一段可以重复调用的、功能相对独立完整的程序段。C 是函数式语言，必须有且只能有一个名为 main 的主函数，C 程序的执行总是从 main 函数开始，在 main 中结束。函数不能嵌套定义，但可以嵌套调用。

3.4.2　函数的定义和使用

函数的运行机制：函数通过名字进行调用，程序运行过程时总是从 main 函数开始，自上而下运行程序，如果遇到了函数的名字会跳转到函数所在的位置转而执行函数的语句，函数执行完毕后返回 main 函数中原来的位置，继续执行 main 函数中的下一条语句。所有语句执行完毕后，在 main 函数中的 return 0 位置结束。函数如果写在 main 函数之前则不需要声明，但人们总是习惯将函数写在主函数之后或其他位置，故需要在函数运行前先进行声明，告知主程序后面会有这样一个函数，调用时到后面进行查找并执行。

有如下一段程序，请运行程序，查看程序执行的结果，并使用 C-Free 的调试功能逐行调试该程序，看用户自己定义的函数是如何运行的。

```
#include<stdio.h>
int main()
{
    void star();            //声明函数
    int i;
    for(i=1;i<=10;i++)
    {
        star();             //调用函数
    }
    return 0;
}
void star()                 //定义函数
{
    int j;
    for(j=1;j<=15;j++)
        printf(" * ");
    printf("\n");
}
```

根据参数和返回值的不同，我们可以写四种类型的函数：无参无返回、无参有返回、有参无返回、有参有返回。

- 参数：别处传递过来给函数做运算的值，没有就可以不写。
- 返回值：返回给别的程序的值，用 return 语句表达。一个函数只能有一个返回值，返回值的类型可决定函数的类型，没有返回值就在函数前写 void。

【例 3.12】 输入 3 个整数，求平均数。

本例题将使用以上四种类型的函数分别实现。

（1）无参无返回函数。这是最简单的一种函数，数据的来源和处理都在函数内部实现。由于没有返回值，函数的类型为 void，数据一般通过输出实现，这类函数与一般的程序写法接近，通过名字调用。程序如下：

```
#include<stdio.h>
int main()
{
    void ave();
    ave();
    return 0;
}
void ave()
{
    int a,b,c;
    float d;
    printf('请输入三个整数,逗号隔开:');
    scanf("%d,%d,%d",&a,&b,&c);
    d=(a+b+c)/3.0;
    printf("平均数是%.2f\n",d);
}
```

（2）无参有返回函数。有返回值意味着函数处理后的数据将通过 return 语句进行传递，并传递到别处进行后续处理，返回值的类型决定了函数的类型，所以该题中由于返回值 d 是 float 类型，所以函数也是 float 类型。程序如下：

```
#include<stdio.h>
int main()
{
    float ave();
    float e;
    e=ave();            //有返回值时要注意接收返回值,否则返回值会丢失
    printf("平均值是%f",e);
    return 0;
}
float ave()
{
    int a,b,c;
    float d;
    printf('请输入三个整数,用逗号隔开:');
    scanf("%d,%d,%d",&a,&b,&c);
    d=(a+b+c)/3.0;
    return d;
}
```

（3）有参无返回函数。有参数意味着函数处理的数据由别处传递到函数中，无返回则表示处理好的数据不需要传递到别处去。程序如下：

```
#include<stdio.h>
int main()
{
    void ave(int a,int b,int c);
    int a,b,c;
    float d;
    printf('请输入三个整数,用逗号隔开:');
    scanf("'%d,%d,%d",&a,&b,&c);
    ave(a,b,c);    /* 实际参与运行的数据是由 a、b、c 提供的,所以 a、b、c 称为实参,运行时
                      实参的值传递给对应的形参。如本题中 a 的值传递给 x,b 的值传递给 y,c
                      的值传递给 z * /
    return 0;
}
void ave(int x,int y,int z)    //x、y、z 只是接收数据的接口,称为形参。请注意形参的定义
{
    float d;
    d=(x+y+z)/3.0;
    printf("平均值是%f",d);
}
```

(4) 有参有返回函数。这种函数是最常见、最重要的函数,我们平时见到的很多函数都是这个类型的。数据传递给函数,函数将其处理成程序员想要的结果,返回在别处使用。比如我们经常使用的数学函数库<math.h>里面存放的函数都是这种类型的。通过对函数名称的调用,给出具体的参数,就能得到我们想要的处理后的结果。程序如下:

```
#include<stdio.h>
int main()
{
    float ave(int a,int b,int c);
    int a,b,c;
    float d;
    printf('请输入三个整数,用逗号隔开:');
    scanf('%d,%d,%d',&a,&b,&c);
    d=ave(a,b,c);
    printf('平均值是%.2f',d);
    return 0;
}
float ave(int a,int b,int c)
{
    float d;
    d=(a+b+c)/3.0;
    return d;
}
```

【例 3.13】　从键盘输入正整数 n 的值,计算下列式子的值。

$$s = 1 + \frac{1}{2 \times 3} + \frac{1}{3 \times 4 \times 5} + \cdots + \frac{1}{n \times (n+1) \times \cdots \times (2n-1)}$$

分析:看起来上式很复杂,似乎无从下手,但是仔细观察上面的式子,发现 s 整体是

45

求和的运算,参与求和的分式非常有规律,分子是 1,分母是 $n\times(n+1)\times\cdots\times(2n-1)$,且由 1 变化到 n,也就是说分母部分是一个循环累乘的过程。我们完全可以把分母的部分设计成一个函数来实现,通过调用这个函数来实现上面的求和过程,就大大降低了程序的难度。

```c
#include<stdio.h>
int f(int n)
{
    int sum=0,i;
    for(i=n;i<=2*n-1;i++)
    {
        sum=sum+i ;
    }
    return sum;
}
int main()
{
    int n,i;              //一个函数写在主函数的前面,可以不用声明
    float s=0;
    scanf("%d",&n);
    for(i=1;i<=n;i++)
        s=s+1.0/f(i);
    printf("%f",s);
    return 0;
}
```

3.4.3　函数的递归调用

什么是递归?递归就是在函数调用过程中,直接或间接地调用自身。

递归的调用方式:①直接递归调用是在函数体内又调用自身。②间接递归调用是当函数 1 去调用另一函数 2 时,而另一函数 2 反过来又调用函数 1 自身。

使用递归应注意终止递归的条件,防止无止境地调用,一般采用如下方式。

用 if 语句控制 $\begin{cases}\text{条件成立,进行递归}\\\text{件不成立,结束递归}\end{cases}$

【例 3.14】 有 5 个人,第 5 个人比第 4 个人大 2 岁,第 4 个人比第 3 个人大 2 岁……第 2 个人比第 1 个人大 2 岁,第 1 个人为 10 岁,问第 5 个人多大?

该例的递归调用过程及数学模型如图 3.10 所示。

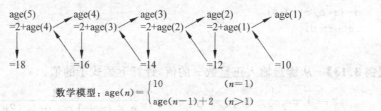

$$\text{数学模型:} age(n)=\begin{cases}10 & (n=1)\\ age(n-1)+2 & (n>1)\end{cases}$$

图 3.10　递归调用过程及数学模型

程序如下：

```
#include<stdio.h>
int age(int n)
{
    int c;
    if(n==1)
        c=10;
    else
        c=2+age(n-1);
    return(c);
}
int main()
{
    printf("%d\n",age(5));
    return 0;
}
```

第4章 项目准备知识

4.1 图形知识

4.1.1 显示系统简介

PC 显示系统一般由显示器和显示卡组成,显示器是独立于主机的一种外部设备。显示卡是插在 PC 主板上的一块集成电路。PC 对显示屏幕的所有操作都是通过显示卡来实现的。

显示系统的主要特性如下。

1. 显示分辨率

显示分辨率是指屏幕上所能显示的像素点数,通常用列数和行数的乘积来表示。为了获得良好的显示效果,要求显示器的分辨率与对应分辨率的显示卡相匹配。通常,高分辨率的显示效果比低分辨率的效果好。但是,显示分辨率的提高对显示器与显示卡的软、硬件要求更高。特别是分辨率的提高在很大程度上受到显示器的显示尺寸和扫描频率的限制,也受到显示卡中显存的限制。

根据应用情况的不同,在不超过显示器最高分辨率的条件下,可以通过对显示卡的设置而使用不同的分辨率。

2. 显示速度

显示速度是指在屏幕上显示图形和字符的速度。显示速度与显示分辨率和显示器的扫描频率密切相关。显示分辨率越高,整个屏幕上的像素点数越多,显示速度就越慢。在这种情况下,为了提高显示速度,就需要提高扫描频率。

如果显示器只有一种扫描频率,则它只能与一种显示卡相匹配使用。随着显示技术的发展,目前一般的显示器可以适应具有多种分辨率与显示速度的显示卡。

颜色与灰度是衡量显示系统的重要参数。单色显示器只有亮和暗两种灰度;彩色显示器的颜色和灰度要受显示内存的限制,分辨率越高,颜色越丰富,所需要的显示内存就越多。

3. 图形显示能力

图形显示能力是显示系统对屏幕上的每一个像素点都可以设置成不同的值的能力。

通常,图形显示对硬件的要求比字符显示要求高得多,同时,图形显示对显示缓冲区的要求也比字符显示时高得多。

显示卡的种类有:MDA 卡(单色字符显示适配卡)、HGC 卡(支持单色字符和单色图形功能的适配卡)、CGA 卡(彩色图形显示卡)、EGA 卡(增强图形显示卡,640×350)、VGA 卡(分辨率最高可达 1024×768,兼容所有前面提到的显示卡)。

通过调用视频 BIOS,可以完成对显示有关的功能的控制。

4.1.2　绘图基础

1. 显示模式

显示模式按功能可以分为字符模式和图形模式两大类。

字符模式也称为字母数字模式,即 A/N 模式。在这种模式下,显示缓冲区中存放的是显示字符的代码和属性,而显示屏幕被分为若干个字符来显示行和列。图形模式也称为 APA 模式(All Points Addressable mode)。在这种模式下,显示缓冲区中存放的是显示器屏幕上的每个像素点的颜色或灰度值,而显示屏幕被划分为像素行和像素列。

由于显示卡的种类很多,其中有些显示模式在不同类型的显示卡及不同厂家的显示卡之间是通用的,这类显示模式称为标准模式。还有些模式是专用的,称为非标准模式。通常,显示模式号小于 14H 的是标准模式;其他则为非标准模式。

2. 图形模式的初始化

不同的显示器适配器有不同的图形分辨率。即使是同一显示器适配器,在不同模式下也有不同的分辨率。因此,在屏幕作图之前,必须根据显示器适配器的种类将显示器设置成为某种图形模式。未设置图形模式之前,计算机的默认模式是字符模式。在字符模式下,所有的图形函数是不起作用的。在该模式下,只有字符才能在窗口内显示,访问的最小单位是字符,左上角起始坐标为(1,1),可以调用字符屏幕函数完成屏幕属性的设置。在图形模式下,用户可访问的最小单位是像素,左上角起始坐标(0,0)。

若要设置屏幕为图形模式,则可以调用如下的图形初始化函数。

```
void initgraph(int * driver,int * mode,char * mode,char * path)
```

driver 指向图形驱动程序。mode 指向显示模式,必须是有效模式之一。path 是指图形驱动程序所在的路径,没有指定时,表示在当前目录下寻找。图形驱动程序扩展名为 BGI,不同的显示适配器对应不同的驱动程序。

如果编程者不知道计算机上所用的适配器的种类,而且为了使编写的程序具有通用性,可以不指定驱动程序和显示模式,而通过函数对硬件测试来获得合适的驱动程序和显示模式,该函数的形式为:

```
void detectgraph(int * driver,int * mode)
```

自动检测硬件图形系统的一种更简单的方法是令 driver＝DETECT。initgraph 函数会自动探测显示器类型,并选用其最大可能的显示分辨率。

需要注意的是,很多 C 语言的集成开发环境是没有图形库的,只有 Turbo C 有图形库 graphics.h,因此,本书的图形编程都是在 Turbo C 环境下进行的。

4.1.3 图形函数

基本的图形函数可以绘制一些简单的图形。

1. 屏幕颜色的设置

对于图形模式的屏幕颜色,可分为屏幕背景色与前景色的设置。可以分别用以下函数。

```
void setbkcolor(int color)          //设置屏幕背景色
void setcolor(int color)            //设置屏幕前景色
```

其中 color 指定具体颜色,其值可以是颜色符号名,也可以是色彩整型值,表 4.1 给出了颜色值的对应颜色。

表 4.1　C 语言中的颜色符号

符 号 常 数	数 值	含　义	符 号 常 数	数 值	含　义
BLACK	0	黑色	DARKGRAY	8	深灰
BLUE	1	蓝色	LIGHTBLUE	9	浅蓝
GREEN	2	绿色	LIGHTGREEN	10	淡绿
CYAN	3	青色	LIGHTCYAN	11	淡青
RED	4	红色	LIGHTRED	12	淡红
MAGENTA	5	洋红	LIGHTMAGENTA	13	淡洋红
BROWN	6	棕色	YELLOW	14	黄色
LIGHTGRAY	7	淡灰	WHITE	15	白色

2. 画点

画点函数的函数原型为 void far putpixel(int x,int y,int color),该函数的功能就是在坐标为(x,y)的地方画一个颜色为 color 值的像素点。

与画点函数密切相关的就是坐标位置的操作函数。下面给出一组坐标位置的相关函数,以配合画点函数的使用。

```
int far getmaxx(void);
int far getmaxy(void);
int far getx(void);                 //获得当前位置的 x 坐标
void far gety(void);                //获得当前位置的 y 坐标
void far moveto(int x,int y);       //将当前位置移动到(x,y)处
```

3. 画线及线型的设置

画线函数 void line(int startx,int starty,int endx,int endy)的功能就是从坐标位置（startx,starty）到坐标位置（endx,endy）画一条直线,不改变当前光标的位置。

void lineto(int x,int y)函数的功能是使用当前的颜色线型,从当前位置画一条线到指定位置(x,y)。

4.2 日期时间函数的使用

C 语言的标准库函数包括一系列日期和时间处理函数,它们都在头文件 time.h 中说明。

4.2.1 日期和时间的数据类型

在日期时间函数中定义了三种结构类型,即 time_t、struct tm 及 clock_t。clock_t 是用来保存时间的数据类型,在 time.h 文件中,可以找到对它的定义如下:

```
#ifndef _CLOCK_T_DEFINED
typedef long clock_t;
#define _CLOCK_T_DEFINED
#endif
```

很明显,clock_t 是一个长整型数。在 time.h 文件中,还定义了一个常量 CLOCKS_PER_SEC,它用来表示一秒钟会有多少个时钟计时单元,其定义如下:

```
#define CLOCKS_PER_SEC((clock_t)1000)
```

可以看到每过千分之一秒(1 毫秒),调用 clock()函数返回的值就加 1。

tm 结构可以获得时间日期。tm 结构在 time.h 中的定义如下:

```
#ifndef _TM_DEFINED
struct tm {
    int tm_sec;         /*秒。取值区间为[0,59]*/
    int tm_min;         /*分。取值区间为[0,59]*/
    int tm_hour;        /*时。取值区间为[0,23]*/
    int tm_mday;        /*一个月中的日期。取值区间为[1,31]*/
    int tm_mon;         /*月份(从一月开始,0代表一月)。取值区间为[0,11]*/
    int tm_year;        /*年份,其值等于实际年份减去1900*/
    int tm_wday;        /*星期。取值区间为[0,6],其中0代表星期天,1代表星期一,以此
                          类推*/
    int tm_yday;        /*从每年的1月1日开始的天数。取值区间为[0,365],其中0代表
                          1月1日,1代表1月2日,以此类推*/
    int tm_isdst;       /*夏令时标识符,实行夏令时的时候,tm_isdst为正。不实行夏令
                          时的时候,tm_isdst为0;不了解情况时,tm_isdst()为负*/
```

```
};
#define _TM_DEFINED
#endif
```

ANSI C 标准称使用 tm 结构的这种时间表示为分解时间(broken-down time)。

而日期时间(Calendar Time)是通过 time_t 数据类型来表示的,用 time_t 表示的时间(日期时间)是从一个时间点(例如:1970 年 1 月 1 日 0 时 0 分 0 秒)到此时的秒数。在 time.h 中,我们也可以看到 time_t 是一个长整型数:

```
#ifndef _TIME_T_DEFINED
typedef long time_t;                /*时间值*/
#define _TIME_T_DEFINED             /*避免重复定义 time_t*/
#endif
```

大家可能会产生疑问:既然 time_t 实际上是长整型,到未来的某一天,从一个时间点(一般是 1970 年 1 月 1 日 0 时 0 分 0 秒)到那时的秒数(即日期和时间)超出了长整型所能表示的数的范围怎么办? 对 time_t 数据类型的值来说,它所表示的时间不能晚于 2038 年 1 月 18 日 19 时 14 分 07 秒。为了能够表示更久远的时间,一些编译器厂商引入了 64 位甚至更长的整型数来保存日期时间。比如微软在 Visual C++ 中采用了_time64_t 数据类型来保存日期时间,并通过_time64()函数来获得日期时间(而不是通过使用 32 位字的 time()函数),这样就可以通过该数据类型保存 3001 年 1 月 1 日 0 时 0 分 0 秒(不包括该时间点)之前的时间。

4.2.2 获取日期时间

可以通过 time()函数来获得日期和时间,其原型为:

```
time_t time(time_t * timer);
```

如果已经声明了参数 timer,则可以从参数 timer 返回现在的日期和时间,同时也可以通过返回值返回现在的日期和时间,即从一个时间点(例如:1970 年 1 月 1 日 0 时 0 分 0 秒)到现在此时的秒数。如果参数为空(NULL),函数将只通过返回值返回现在的日期和时间。

4.2.3 转换日期时间的表示形式

日期和时间就是我们平时所说的年、月、日、时、分、秒等信息。我们已经知道这些信息都保存在一个名为 tm 的结构体中,那么如何将一个日期时间保存为一个 tm 结构的对象呢?

可以使用的函数是 gmtime()和 localtime(),这两个函数的原型为:

```
struct tm * gmtime(const time_t * timer);
struct tm * localtime(const time_t * timer);
```

其中,gmtime()函数是将日期时间转化为世界标准时间(即格林尼治时间),并返回一个 tm 结构体来保存这个时间,而 localtime()函数是将日期时间转化为本地时间。比如现在用 gmtime()函数获得的世界标准时间是 2005 年 7 月 30 日 7 点 18 分 20 秒,那么用 localtime()函数在中国地区获得的本地时间会比世界标准时间晚 8 个小时,即 2005 年 7 月 30 日 15 点 18 分 20 秒。下面是一个应用实例。

```c
#include "time.h"
#include "stdio.h"
int main(void)
{
    struct tm * local;
    time_t t;
    t=time(NULL);
    local=localtime(&t);
    printf("Local hour is: %d\n",local→tm_hour);
    local=gmtime(&t);
    printf("UTC hour is: %d\n",local->tm_hour);
    return 0;
}
```

运行结果如下:

```
Local hour is: 15
UTC hour is: 7
```

4.2.4　格式化日期时间

我们可以通过 asctime()函数和 ctime()函数将时间以固定的格式显示出来,两者的返回值都是 char * 型的字符串。返回的时间格式为:

星期几 月份 日期 时:分:秒 年\n{post.content}

例如:

Wed Jan 02 02:03:55 1980\n{post.content}

其中,\n 是一个换行符,{post. content}是一个空字符,表示字符串结束。下面是两个函数的原型:

```c
char * asctime(const struct tm * timeptr);
char * ctime(const time_t * timer);
```

其中,asctime()函数是通过 tm 结构来生成具有固定格式的保存时间信息的字符串,而 ctime()是通过日期时间来生成时间字符串。这样,asctime()函数只是把 tm 结构对象中的各个域填到时间字符串的相应位置就行了。而 ctime()函数需要先参照本地的时间设置,把日期时间转化为本地时间,然后再生成格式化后的字符串。下面如果 t 是一个非空的 time_t 变量,则

```
printf(ctime(&t));
```

等价于：

```
struct tm * ptr;
ptr=localtime(&t);
printf(asctime(ptr));
```

那么，下面这个程序的两条 printf 语句输出的结果就不同了（除非将本地时区设为世界标准时间所在的时区）：

```
#include "time.h"
#include "stdio.h"
int main(void)
{
    struct tm * ptr;
    time_t lt;
    lt=time(NULL);
    ptr=gmtime(&lt);
    printf(asctime(ptr));
    printf(ctime(&lt));
    return 0;
}
```

运行结果如下：

```
Mon Mar 15 09: 14: 48 2010
Mon Mar 15 17: 14: 48 2010
```

4.3 结构化程序设计思想

4.3.1 模块化原则

　　模块化设计，简单地说就是程序的编写不是开始就逐条录入计算机语句和指令，而是首先将一个大的程序按照某种功能或者组织机构分割成小模块，用主程序、子模块、子过程等框架把软件的主要结构和流程描述出来，并定义和调试好各个模块之间的输入、输出链接关系。逐步求精的结果是得到一系列以功能块为单位的算法描述。以功能块为单位进行程序设计，实现其求解算法的方法称为模块化。模块化的目的是为了降低程序复杂度，使程序设计、调试和维护等操作简单化。在程序设计中常采用模块化设计的方法，特别是程序较为复杂，代码量较多的情况下，必须进行模块化划分。在拿到一个项目时，最先做的并不是编程，而是进行模块化设计，一般根据功能进行模块化划分。当然有时划分无法一次性到位，子模块的功能还比较大，可以再进行更小的模块化划分，这个过程就是自顶向下的实现方法。进行模块化设计以后，可根据项目职责由各个小组分头完成。

　　在程序的模块化设计过程中，如何把控模块划分的大小和功能，以及如何才能真正合理地进行模块化设计是模块化设计的重点,一般情况下,我们应遵循某些模块化原则。

1. 独立性原则

所谓独立性原则,是指在进行模块化设计时,各个子模块应注意一个模块不要涉及过多的功能,最好一个模块只负责一项功能,并且模块可以独立运行。模块的独立程度可以由两个定性标准度量,这两个标准分别称为内聚和耦合。耦合衡量不同模块彼此间互相依赖(连接)的紧密程度;内聚衡量一个模块内部各个元素彼此结合的紧密程度,独立性较强的模块一般都数据高内聚、低耦合模块。

2. 规模适中

程序中的子模块规模不要过大,当然过小也会造成很多无谓的负担,规模适中的模块便于修改和阅读,虽然没有具体的行数规定,但一个适度的规模应该为 50～60 行。当然有时特殊情况也可适度扩大和缩小,但规模适度的模块对于整个软件的设计工作可以提高效率。

3. 接口简单化

接口简单化是指模块与模块之间的关联尽可能少,这样模块之间的接口会简单。

复杂的模块接口既不便于使用,也会增加调用时的出错概率;同时接口过于复杂会使模块不便于理解和调试,所以应尽量做到结构简单化。

4. 可复用和可扩充原则

在进行模块化设计之初,应注重模块的复用性和可扩充性。所谓可复用性是指模块能够不断重复利用,而可扩充性是指在模块化设计的过程中,很难做到一次性解决所有问题,应该预留扩充性结构,以便为后续的补充做好准备。

4.3.2　模块化实例

有以下需求:编写一个儿童算术能力测试软件,该软件可以完成自动出题、接收答案、评分、显示结果等功能。对于这样一个软件而言,进行设计的第一步就是进行模块化设计。模块化设计的原则是根据其功能的描述可将软件分割成小模块,比如封面模块、出题模块、密码模块、回答模块、评分模块等,当然在进行小模块设计时要尽可能符合模块设计原则,接着根据其功能设计对于各个小模块的调用流程。

```
/*模块化实例*/
cover(){ }              /*软件封面显示函数*/
password(){ }           /*密码检查函数*/
question(){ }           /*产生题目函数*/
answers(){ }            /*接受回答函数*/
marks(){ }              /*评分函数*/
```

```
results(){ }                    /*结果显示函数*/
int main(int argc,char * argv[])
{
    char ans='y';
    clrscr();
    cover();                    /*调用软件封面显示函数*/
    password();                 /*调用密码检查函数*/
    while (ans=='y'|| ans=='Y')
    {
        question();             /*调用产生题目函数*/
        answers();              /*调用接受回答函数*/
        marks();                /*调用评分函数*/
        results();              /*调用结果显示函数*/
        printf("是否继续练习?(Y/N)\n");
        ans=getch ();
    }
    printf("谢谢使用,再见!");
}
```

4.4 数据组织结构

4.4.1 数组

在 C 语言中,数组属于构造数据类型。一个数组可以分解为多个数组元素,这些数组元素可以是基本数据类型或是构造类型。因此按数组元素的类型不同,数组又可分为数值数组、字符数组、指针数组、结构数组等各种类别。所谓数组,就是相同数据类型的元素按一定顺序排列的集合,就是把有限个类型相同的变量用一个名字命名,然后用编号区分它们的变量的集合,这个名字称为数组名,编号称为下标。组成数组的各个变量称为数组的分量,也称为数组的元素,有时也称为下标变量。数组是在程序设计中为了处理方便,把具有相同类型的若干变量按有序的形式组织起来的一种形式。这些按序排列的同类数据元素的集合称为数组。

一维数组定义格式类似如下:

int a[20];

二维数组定义格式类似如下:

int a[10][15];

4.4.2 结构体

结构体是在 C 语言中的一种构造数据类型,它用于描述相对较为复杂的数据结构,例如用来描述一个学生的基本情况,涉及学号、姓名、性别、专业等信息,一个学生的基本信息无法用一个简单变量来表述出来,只能将用于表示学号(int num)、姓名(char name[2])这些不同的数据类型构建成一个新的构造类型,这个类型就称为结构体类型。结构体同时也是一些元素的集合,这些元素称为结构体的成员(member),且这些成员可以为不同的类型,成员一般用名字访问。

结构体类型的定义格式如下:

```
struct  结构体类型名
{
    类型  成员名 1;
    类型  成员名 2;
    类型  成员名 3;
    类型  成员名 4;
    类型  成员名 5;
    类型  成员名 6;
};
```

注意:结构体类型只定义描述结构的组织形式,不分配内存空间。例如:

```
struct student
{
    int num;
    char name[20];
    char sex;
    int age;
    float score;
    char addr[30];
};
```

1. 结构体变量的定义

结构体类型和结构体变量可以同时定义,如下所示。

```
struct student
{
    int num;
    char name[20];
    char sex;
    int age;
    float score;
    char addr[30];
}stu;
```

结构体类型和结构体变量也可分开定义,即先定义结构体类型再定义结构体变量,如下所示。

```
struct student   stu;
```

2. 结构体变量对于结构体成员的引用

通过操作符(.)引用每个结构体中的成员。对于结构体的操作,要通过对每个成员的操作完成。即

结构体变量名.成员名(stu.num=102230;scanf("%d",&stu.num));

例如,定义关于学生的一个结构体类型,并定义变量,在初始化时直接赋值,并输出。

```c
#include<stdio.h>
int main(int argc,char * argv[])
{
    struct student
    {
        int num;
        char name[20];
        char sex[3];
    }stu={60,"王丽","女"};
    printf("学号:%d\n 姓名:%s\n学号:%s",stu.num,stu.name,stu.sex);
    return 0;
}
```

再如,定义关于学生的一个结构体类型,并定义变量,在程序中逐个给变量赋值,并输出。

```c
#include<stdio.h>
int main(int argc,char * argv[])
{
    struct student
    {
        int num;
        char name[20];
        char sex[3];
    }stu;
    scanf("%d%s%s",&stu.num,stu.name,stu.sex);
    printf("学号:%d\n 姓名:%s\n学号:%s",stu.num,stu.name,stu.sex);
    return 0;
}
```

4.4.3 结构体数组

结构体类型经常使用结构体数组,在描述一组数据类型相同的结构体变量的时候,可以考虑使用结构体数组来完成,例如一个结构体变量只能存放一名学生的信息,而对于多名学生的信息则可以使用一个结构体数组来存放,结构体数组的每个元素都是一个结构体类型的变量。假设有如表 4.2 所示的学生信息表,我们将其用结构体数组进行存储。

表4.2 学生信息表

学号	姓名	性别	年龄	所属分院
1501	李明	男	19	信工
1502	张丽	女	19	信工
1503	王涛	男	20	信工

定义语法：

结构体类型　数组名[数组长度]

例如：

```
struct student
{
    int num;
    char name[20];
    char sex;
    int age;
}stu[3]={{10101,"LiLin",'M',18},{10102,"ZhangFun",'M',19},{10104,"WangMin",
'F',20}};
```

• 引用某个数组元素的成员的方法如下：

```
stu[0].num          //通过数组元素引用成员
```

• 数组元素之间可以整体赋值，例如：

```
stu[0]=stu[1];
```

例如，输入30个学生基本信息，并输出。代码如下：

```
#include<stdio.h>
struct telphon
{
    char name[10];
    char telnum[10];
    char qq[15];
    char add[30];
}a[30];
int main(int argc,char * argv[])
{int i;
    for(i=0;i<3;i++)
    {
        printf("请输入第%d位同学的信息\n",i+1);
        printf("学号: ");
        scanf("%s",a[i].telnum);
        printf("姓名: ");
        scanf("%s",a[i].name);
        printf("qq号码: ");
        scanf("%s",a[i].qq);
```

```
    }
    for(i=0;i<3;i++)
    {
        printf("第%d位同学的信息\n",i+1);
        printf("学号: %s",a[i].telnum);
        printf("姓名: %s",a[i].name);
        printf("qq号码: %s",a[i].qq);
    }
    return 0;
}
```

4.4.4 链表

链表是一种物理存储单元上非连续、非顺序的存储结构,数据元素的逻辑顺序是通过链表中的指针链接次序实现的。链表由一系列结点(链表中每一个元素称为结点)组成,结点可以在运行时动态生成。每个结点包括两个部分:一个是存储数据元素的数据域;另一个是存储下一个结点地址的指针域。链表相对于线性表顺序结构操作复杂。链表结构可以充分利用计算机内存空间实现灵活的内存动态管理。但是链表失去了数组随机读取的优点;同时链表由于增加了结点的指针域,空间开销比较大。链表最明显的好处就是,常规数组排列关联项目的方式可能不同于这些数据项目在记忆体或磁盘上顺序,数据的存取往往要在不同的排列顺序中转换。链表允许插入和移除表上任意位置上的结点,但是不允许随机存取。链表有很多种不同的类型:单向链表、双向链表以及循环链表。

4.5　文　件　操　作

4.5.1　读取文件的信息

在软件开发中,数据的存储是重要环节,C语言提供了一些基础处理函数完成数据的保存和读取,通过文件操作函数,可以完成软件中的数据以文本文件的方式存储在硬盘上,同时也可以在软件运行时将保存在硬盘上的文件数据提取出来。文件操作的前提是文件已被打开,当文件操作完毕后要对文件进行关闭,对文件进行打开和关闭的函数如下所示。

声明一个文件指针:

```
FILE *fp;
```

文件打开:

```
fp=fopen(文件路径,打开方式或使用方式);
```

文件关闭:

```
fclose(fp);
```

文件打开的方式如表 4.3 所示。

表 4.3　文件打开的方式

文件使用方式	意　　义
rt	以只读方式打开一个文本文件，只允许读数据
wt	以只写方式打开或简历一个文本文件，只允许写数据
at	以追加方式打开一个文本文件，并在文件末尾写数据
rb	以只读方式打开一个二进制文件，只允许读数据
wb	以只写方式打开或者建立一个二进制文件，只允许写数据
rt+	以读写方式打开一个文本文件，允许读和写
wt+	以读写方式打开或建立一个文本文件，允许读和写
at+	以读写方式打开一个文本文件，允许读和写
rb+	以读写方式打开一个二进制文件，允许读和写
wb+	以读写方式打开或建立一个二进制文件，允许读和写
ab+	以读写方式打开一个二进制文件，允许读或在文件末尾追加数据

4.5.2　文件操作的函数

文件操作的函数如表 4.4 所示。

表 4.4　文件操作的函数

函 数 格 式	作　　用
fgetc(fp)	从 fp 指向的文件读入一个字符
fputc()	把字符 ch 写到文件指针变量 fp 所指向的文件中
fgets(str,n,fp)	从 fp 指向的位置读入一个长度为 n−1 的字符串，存放到字符数组 str 中
fputs(str,fp)	把 str 所指向的字符串写到文件指针变量 fp 所指向的文件中
fread(buffer,size,count,fp)	用来存放从文件读入的数据的存储区的地址
fwrite(buffer,size,count,fp)	把从某个地址开始的存储区中的数据向文件输出

例如，将键盘输入的字符顺序存入磁盘文件 tt.txt 中，以回车的结束。

```
#include "stdio.h"
int main()
{
    char c;
    FILE * fp;
    if((fp=fopen("tt.txt","w"))==NULL)
    {
        printf("error!\n"):
        exit(0);
```

61

```
    }
    while((c=getchar())!='\n')
    {
        fputc(c,fp);
    }
    fclose(fp);
    return 0;
}
```

第5章 通讯录管理系统的分析与设计

5.1 设 计 目 的

通讯录是大家十分熟悉的系统,可方便地进行个人信息的查询。本系统以 C 语言为基础,提供简单、易操作的用户操作界面,实现对通讯录的管理。系统以链表为基础,涉及结构体、函数、文件和指针,旨在通过程序的学习,使读者更好地掌握 C 语言的基础知识,同时了解和掌握程序综合设计的逻辑思维方法和设计过程,为将来开发出高质量的应用系统打下坚实的基础。

5.2 基本功能描述

通讯录管理系统采用 C-Free 开发工具,主要实现对联系人的信息进行添加、删除、显示、查找、修改和保存功能,联系人的信息最终保存在文件中。同时系统提供简单的操作界面用于用户与系统之间的交互。系统的主要功能如下。

(1) 系统用户界面:允许用户选择想要的操作,包括添加、删除、显示、查找和修改,其中保存功能在添加、删除、修改结束后自动进行。

(2) 添加联系人:用户根据系统提示输入一个联系人的学号、姓名、性别、家庭电话、移动电话、出生日期、家庭地址等基本信息,输入完成后系统自动保存该联系人信息,并返回到系统的用户界面。

(3) 查找联系人信息:用户根据系统提示输入要查询的联系人的姓名(或学号),系统根据输入的姓名(学号)进行查找,如果找到则显示该记录;如果没有找到,系统给出提示信息。姓名或学号应该具有唯一性。

(4) 删除联系人信息:用户根据系统提示输入需要删除的联系人的姓名,系统根据查找到的信息进行删除。在进行删除操作之前,要求系统提示是否删除,以确保删除操作的安全性。

(5) 修改联系人信息:用户根据系统提示输入需要修改的联系人姓名,系统根据用户输入的信息进行查找,如果找到,则用户根据系统提示输入需要修改的联系人信息;如果没有找到,系统给出提示信息。

(6) 显示所有联系人信息:系统将显示通讯录中所有的联系人信息。

（7）保存：在用户完成添加、删除和修改操作后，系统自动将信息保存到文件中，该功能不在菜单中显示，在用户进行了每一个相关操作之后自动进行。

（8）退出：完成所有操作后，用户可以退出通讯录。

5.3　总　体　设　计

5.3.1　功能模块设计

通讯录管理系统实现对个人信息的处理，包括添加新联系人、删除已有联系人、修改已有联系人信息、查找联系人等功能，系统功能模块图如图 5.1 所示。

系统的执行从用户界面的菜单选择开始，允许用户在 0 和 5 之间选择要进行的操作，输入其他字符都是无效的，系统会给出出错的提示信息。若输入 1，则调用 add() 函数，添加新的联系人信息；若输入 2，则调用 delete() 函数，删除联系人信息；若输入 3，则调用 update() 函数，修改联系人信息；若输入 4，则调用 search() 函数，查找联系人信息；若输入 5，则调用 show() 函数，显示所有的

图 5.1　系统功能模块图

联系人信息；若输入 0，则调用 quit() 函数，退出系统。在添加、删除和修改函数调用结束后需要调用 save() 函数，保存所有的联系人信息到文件中。系统处理流程如图 5.2 所示。

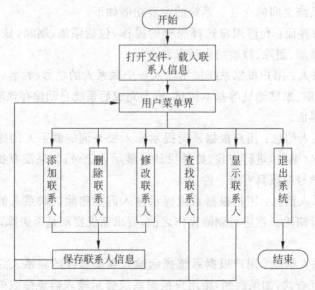

图 5.2　系统流程图

5.3.2　数据结构设计

系统预处理：

```
#include<stdio.h>          /*标准输入输出函数库*/
#include<stdlib.h>         /*标准函数库*/
#include<conio.h>          /*通用输入输出函数库*/
#include<string.h>         /*字符串处理函数库*/
```

数据类型定义：定义一个结构体类型,结构体中包括联系人学号、姓名、出生日期、性别、家庭电话、家庭地址等若干成员,并根据通讯录容量要求定义结构体数组,可参考如下结构体。

```
struct person
{
    char num[10];
    char name[10];
    char birth[8];
    char sex[15];
    char phone[15];
    char addr[15];
}stu[80];
```

5.3.3　函数功能描述

1. 主函数

函数功能:主函数提供用户操作界面(主菜单),供用户选择相应的功能模块。若干功能模块需要大家自己逐步完成。

参考程序：

```
#include<stdio.h>
#include<stdlib.h>
/*本结构仅供参考*/
struct student
{
  char num[10];              //学号
  char name[10];             //姓名
  char birth[8];             //出生日期
  char mov[15];              //移动电话
  char fax[15];              //传真号码
}stu[80],stu_single;

/*以下是 main 函数*/
void main()
```

```
    {
        void add();
        void search();
        void delete_rec();
        void update();
        void show();
        void save();
        void quit();
        int choice;
        while(1)
        {
            system("cls");
            printf("\n");
            printf("\n");
            printf("\n");
            printf("\n");
            printf("********************************************************\n");
            printf("                        欢迎使用电子通讯录 \n");
            printf("********************************************************\n");
            printf(" \n");
            printf("                        1:添加信息 \n");
            printf("                        2:删除信息 \n");
            printf("                        3:修改信息 \n");
            printf("                        4:查询信息 \n");
            printf("                        5:显示所有信息\n");
            printf("                        0:退出 \n");
            printf("                        请输入你的选择:");
            scanf("%d",&choice);
            switch(choice)
            {
            case 1: add(); break;              /*添加函数*/
            case 2: delete(); break;           /*删除函数*/
            case 3: update(); break;           /*修改函数*/
            case 4: search(); break;           /*查询函数*/
            case 5: show(); break;             /*显示函数*/
            case 0: quit(); break;             /*退出*/
            default:
            {
                system("cls");
                printf("\n");
                printf("\n");
                printf("\n");
                printf("选择错误,请重新输入并选择!\n");
                printf("\n");
                printf("\n");
                printf("\n");
                system("PAUSE");
            }
            }
```

```
        }
    }
    /* 以下是添加模块的代码 */
    void add()
    {
        printf("\t\t 添加模块正在建设中\n");
        system("PAUSE");
    }
    /* 以下是查询模块的代码 */
    void search()
    {
        printf("\t\t 查询模块正在建设中\n");
        system("PAUSE");
    }
    /* 以下是删除模块的代码 */
    void delete()
    {
        printf("\t\t 删除模块正在建设中\n");
        system("PAUSE");
    }
    /* 以下是修改模块的代码 */
    void update()
    {
        printf("\t\t 修改模块正在建设中\n");
        system("PAUSE");
    }
    /* 以下是显示模块的代码 */
    void show()
    {
        printf("\t\t 显示模块正在建设中\n");
        system("PAUSE");
    }
    /* 以下是退出模块的代码 */
    void quit()
    {
      system("cls");
      printf("\n");
      printf("感谢使用本通讯录\n");
      printf("\n");
      exit(0);
    }
```

说明：在编写程序之前，首先要理解以上程序模块，并且请在以上程序模块的基础上，根据自己的要求进行修改与完善。

2. 添加函数 add()

函数功能：用户在选择 1 时调用此函数，以便输入联系人的基本信息。

添加函数处理流程图如图 5.3 所示。

图 5.3　添加联系人信息流程图

练习：请写出完整 add()函数，用于添加联系人信息。

3. 删除函数 delete()

函数功能：用户在选择 2 时调用此函数，根据联系人姓名删除该联系人的相关信息。删除函数的流程图如图 5.4 所示。

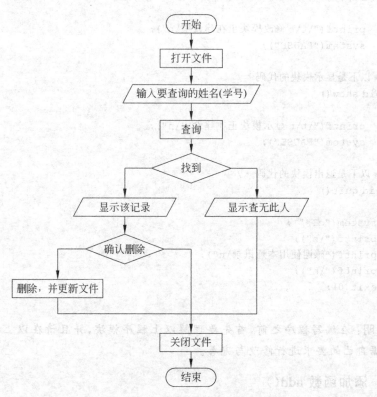

图 5.4　删除联系人信息流程图

练习：请写出完整的 delete()函数，用于删除联系人信息。

4. 修改函数 update()

函数功能：用户在选择 3 时调用此函数，根据联系人姓名修改该联系人的相关信息。修改信息的流程图如图 5.5 所示。

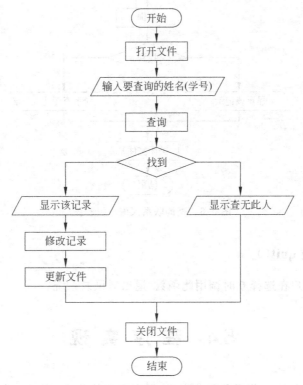

图 5.5　修改联系人信息流程图

练习：请写出完整 update()函数，用于删除联系人的信息。

5. 查询函数 search()

函数功能：用户在选择 4 时调用此函数，采用线性查找法，根据联系人姓名查找该联系人的相关信息。查找函数的流程图如图 5.6 所示。

练习：请写出完整的 search()函数，用于查找联系人信息。

6. 显示函数 show()

函数功能：用户在选择 5 时调用此函数，显示所有的联系人信息。

处理过程：显示函数的处理过程非常简单，打开文件，从第一条记录开始，依次输出每条记录的联系人信息，直到到达文件尾并关闭文件。

练习：请写出完整的 show()函数，用于显示所有联系人的信息。

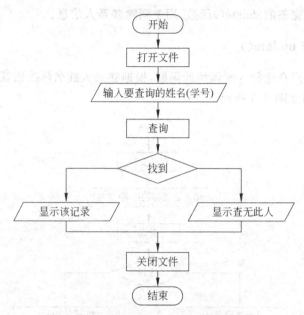

图 5.6   查询联系人信息流程图

7. 退出函数 quit( )

函数功能：用户在选择 0 时调用此函数，退出通讯录系统。

5.4   程 序 实 现

根据以上各个函数的分析和部分实现，写出完整的程序，实现基本的功能，在程序设计过程中，注意编程规范，并给出必要的注释。

5.5   拓展功能要求

在开发过程中，可以根据自己的能力对本系统进行拓展，可进行的拓展功能包括以下内容。

（1）显示记录时，可根据姓名经过排序后显示，排序方法可以用冒泡排序、选择排序或其他排序方法来实现。

（2）显示记录时，可以根据某些数据项进行计算，如根据出生日期计算年龄，并显示。

（3）添加记录时，可进行数据格式的检查，如根据电话号码的基本格式、出生日期的基本格式等要求进行检查。

（4）添加记录时，可进行唯一性检查，如两个人不可能出现同样的电话号码。也可根据姓名进行唯一性检查，要求系统不出现重名的情况。

（5）添加记录时，可以实现多条记录的添加，而无须返回主目录再进行添加操作，而是直接询问是否需要继续添加。

（6）查找记录时，可以根据多个关键字进行查找，如既可根据姓名查找、也可根据家庭住址等其他关键字查找相关记录。

（7）查找记录时，可以实现模糊查找，即可以查找所有"宁波"的联系人信息，或者可以查找所有"张"姓的联系人（提示：查找可以使用的字符串处理函数）。

（8）设计菜单时，可以直接在一级菜单中显示多关键字查找的基本信息，即将按姓名、按电话、按地址等查找关键字分别列出。

（9）设计菜单时，也可将多关键字查找列在"查找联系人"后的二级菜单中。

（10）删除记录时，若查找到多条符合条件的记录，应该逐条进行询问。

（11）考虑在界面上是否可以对文字或背景设置颜色。

（12）其他你认为可以实现的拓展功能。

5.6　小　　结

本章介绍了简单的通讯录管理系统的设计思路和实现过程，着重介绍了各个功能模块的设计原理和开发方法，主要利用链表的相关知识完成通讯录中联系人信息的添加、删除、修改、查找等功能，旨在帮助读者掌握 C 语言下的文件和链表的操作。

第6章 停车场收费管理系统的分析与设计

6.1 案例介绍

宁波高克信息技术有限公司是一家集互联网软件研发、网站运营、电子商务、IT 服务于一体的高科技服务型企业,产品主要涉及信息系统应用开发、管理和维护,所开发的各类应用系统均能极大满足用户需求并得到客户的认可。

2015 年 9 月,该公司承接了某物业管理公司的"停车场收费管理系统"的开发项目,要求能够记录车辆的进入时间、离开时间和收费计算,并能够根据需要对车辆信息进行增、删、查、改,并能够对停车信息进行保存,以提高物业人员的工作效率,降低公司的运营成本,并使得整个管理系统安全可靠。

6.2 设 计 目 的

停车场收费管理系统主要是对车辆进出信息进行管理,并快速计算停车费用。本系统以 C 语言为基础,提供简单、易操作的用户操作界面,实现对车辆信息的管理。系统以结构体为基础,涉及结构体数组、函数、全局变量与局部变量、文件操作和多文件编写等知识,旨在通过程序的学习,使读者更好地掌握系统结构化设计方法和编程技巧,为将来开发出高质量的应用系统打下坚实的基础。

6.3 C 语言多文件操作

(1) 新建工程,本例在 C-Free 中新建 carmanage 工程,如图 6.1 所示,选择控制台程序,输入工程名称 carmanage,选择工程的保存目录,单击"确定"按钮,如图 6.2 所示。

(2) 程序类型、语言、构建配置均选择默认值,新的工程就建立了,文件结构如图 6.3 所示,工程中源文件放在 Source Files 目录下,头文件放在 Header Files 目录下,其他文件放在 Other Files 目录下。

图 6.1 创建工程

图 6.2　工程名称与路径

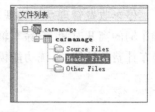

图 6.3　文件结构

6.4　基本功能描述

停车收费管理系统采用 C-Free 开发工具,主要实现对车辆信息进行添加、删除、显示、查找、修改、保存和计费功能,车辆信息最终保存在外部文件中。同时系统提供简单的操作界面用于用户与系统之间的交互。系统的主要功能如下。

(1) 系统用户界面:允许用户选择想要的操作,包括车辆进出信息的添加、删除、显示、查找、修改和收费计算,其中保存功能在添加、删除、修改结束后自动进行。

(2) 添加车辆的进入时间:用户根据系统提示输入车辆的车牌号码、进入时间(时分)等基本信息,输入完成后系统自动保存该车辆信息,返回到系统的用户界面。

(3) 添加车辆离开时间:用户根据系统提示输入车辆的车牌号码、离开时间(时分)等基本信息,输入完成后系统自动保存该车辆信息,返回到系统用户界面。

(4) 查找车辆信息:用户根据系统提示输入要查询的车牌号码,系统根据输入的车牌号码进行查找,如果找到则显示车辆的进入及离开信息。如果没有找到,系统给出提示信息"查找的车辆不存在",车牌号码应该具有唯一性。

(5) 删除车辆信息:用户根据系统提示输入需要删除的车牌号码,系统根据查找到的信息进行删除,在进行删除操作之前,要求系统提示是否删除,以确保删除操作的安全性。

(6) 修改车辆信息:用户根据系统提示输入需要修改的车牌号码,系统根据用户输入的信息进行查找,如果找到,则用户根据系统提示输入新的信息;如果没找到,系统给出提示信息。

(7) 显示所有停车信息:系统将显示停车场中的所有停车信息。

(8) 保存:在用户完成添加、删除和修改操作后,系统自动将信息保存到文件中。该功能不在菜单中显示,在用户进行了每一个相关操作之后自动进行。

（9）退出：完成所有操作后，用户可以退出停车收费管理系统。

6.5 总体与函数设计

6.5.1 功能模块设计

停车收费管理系统实现对车辆信息和停车收费的管理，包括添加车辆的进入时间、添加车辆的离开时间、删除车辆信息、修改车辆信息、查找车辆信息、显示所有车辆信息以及停车计费等功能，系统功能模块图如图 6.4 所示。

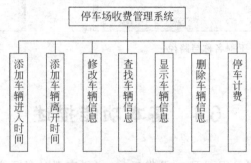

图 6.4 系统功能模块图

系统的执行从用户界面的菜单选择开始，允许用户在 0 和 7 之间选择要进行的操作，输入其他字符都是无效的，系统会给出出错的提示信息。若输入 1，则调用"添加车辆进入"模块，添加车辆车牌号码和进入时间；若输入 2，则调用"添加车辆离开"模块，添加车辆车牌号码和离开时间；若输入 3，则调用"修改"模块，可以修改某车牌号码对应车辆的信息；若输入 4，则调用"删除"模块，删除某车牌号码对应车辆的信息；若输入 5，则调用"显示"模块，显示停车场所有车辆信息；若输入 6，则调用"查找"模块，根据车牌号码查找车辆的相应信息；若输入 7，则调用"计费"模块，计算停车费；若输入 0，则调用"退出"模块，退出系统。在添加、删除和修改模块调用结束后需要调用"保存"模块，保存所有车辆信息到外部文件中。系统处理流程如图 6.5 所示。使用时，计费结束后，意味着车辆离开，可以选择 4 来删除"离开车辆"信息。

6.5.2 数据结构设计

1. 系统预处理

```
#include<stdio.h>        /*标准输入输出函数库*/
#include<stdlib.h>       /*标准函数库*/
#include<conio.h>        /*通用输入输出函数库*/
#include<string.h>       /*字符串处理函数库*/
#include<math.h>         /*数学函数库*/
```

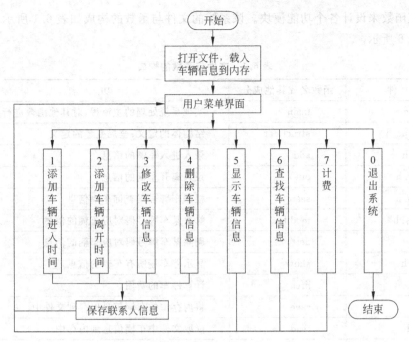

图 6.5　系统处理流程

2. 数据类型的定义

定义一个结构体类型,结构体中包括车牌号码、时间信息(时分)等若干成员,并根据停车场容量要求定义结构体数组,可参考如下结构体。

```
struct car
{
    char num[20];
    int month;
    int day;
    int inh;
    int inm;
    int outh;
    int outm;
};
struct car   c[100];          //c 数组存储车辆信息
int n=0;                      //n 为当前进入的车辆在数组 c 中的下标
```

6.5.3　函数和文件的设计

1. 文件及函数组成

该系统采用多文件编写,每一个功能模块写入一个文件,用一个函数实现。采用全局变量结构体数组 c 来存储车辆信息,用全局变量 n 存储当前车辆的下标,所以采用了无参

75

无返回值函数来设计各个功能模块。该系统的文件与函数的构成如表 6.1 所示。文件列表如图 6.6 所示。

表 6.1　文件与函数的构成

文　件	函数名或其他成分	功　　能
main. c	main	实现系统处理的主流程,对其他函数进行调用
datatype. h	struct car	结构体的定义;全局变量的定义
carin. h	add	录入进入车辆的信息
carout. h	out	录入离开车辆的信息
search. h	search	根据车牌号码查询车辆信息
modify. h	modify	修改某车牌号码对应车辆的信息
del. h	del	删除某车牌号码对应车辆的信息
show. h	show	显示停车场所有车辆的信息
jifei. h	jifei	计算停车的费用
save. h	save	将内存中的车辆信息保存到文件中
open. h	read	读取文件中车辆信息到内存中
cover. h	cover	显示系统菜单
message. txt		外部文件,用于存放车辆信息

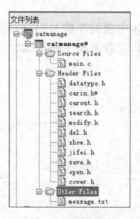

图 6.6　文件列表

2. 主函数

函数功能:主函数提供用户操作界面(主菜单),供用户选择相应的功能模块。若干功能模块需要大家自己逐步完成。

参考程序:

```
#include<stdio.h>
#include "datatype.h"  //自定义函数,用" "包括
#include "carin.h"
```

```
#include "carout.h"
#include "search.h"
#include "modify.h"
#include "del.h"
#include "show.h"
#include "jifei.h"
#include "open.h"
#include "save.h"
#include "cover.h"
int main(int argc,char * argv[])
{
    int choice;
    read();
    while(1)
    {
        cover();
        printf("请输入你的选择:\n");
        scanf("%d",&choice);
        switch(choice)
        {
            case 1:add();save();break;
            case 2:out();save();break;
            case 3:modify();save();break;
            case 4:del();save();break;
            case 5:show();break;
            case 6:search();break;
            case 7:jifei();break;
            case 8:exit(0);
        }
        system("pause");
    }
    return 0;
}
```

3. 录入车辆进入信息对应的模块

函数功能:用户在选择 1 时调用此函数,输入进入车辆的信息、车牌号码和进入时间。该函数处理流程图如图 6.7 所示。

图 6.7　录入车辆进入信息函数的处理流程图

77

```
/*以下是录入车辆进入信息模块的代码*/
/*carin.h*/
#include<stdio.h>
void add()
{
    ...//添加代码
}
```

4. 录入车辆离开信息对应的模块

函数功能：用户在选择 2 时调用此函数，输入离开车辆的车牌号码，即可查找该车辆的存储位置，在该位置输入车辆的离开时间；如果查找结束未找到该车牌号码，则提示"车辆不存在"。该函数处理流程图如图 6.8 所示。

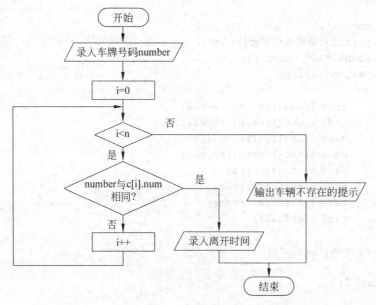

图 6.8　录入车辆离开信息函数的处理流程图

```
/*以下是录入车辆离开信息模块的代码*/
/*carout.h>
#include<stdio.h>
#include<string.h>
void out()
{
    ...//添加代码
}
```

5. 修改模块

函数功能：用户在选择 3 时调用此函数，输入要修改车辆的车牌号码，查找该车辆的存储位置，在该位置重新输入相关信息；如果查找结束未找到改车牌号码，则提示"车辆不存在"。该函数处理流程图如图 6.9 所示。

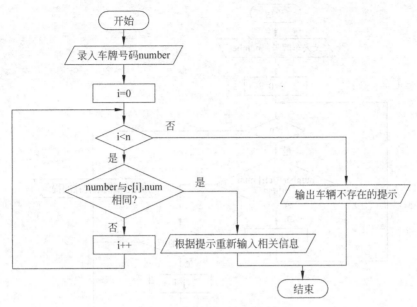

图 6.9 修改信息函数的流程图

```
/*以下是修改模块的代码*/
/*modify.h*/
#include<stdio.h>
#include<string.h>
void modify()
{
    ...//添加代码
}
```

6. 删除模块

函数功能：用户在选择 4 时调用此函数，输入要修改车辆的车牌号码，查找该车辆的存储位置，询问是否确定删除，如果确定删除，则删除该记录，车辆数量减 1；如果查找结束未找到改车牌号码，则提示"车辆不存在"。该函数处理流程图如图 6.10 所示。

```
/*以下是删除模块的代码*/
/*del.h*/
#include<stdio.h>
#include<string.h>
void del()
{
    ...//添加代码
}
```

7. 显示模块

函数功能：用户在选择 5 时调用此函数，显示停车场全部车辆的信息。该函数处理流程图如图 6.11 所示。

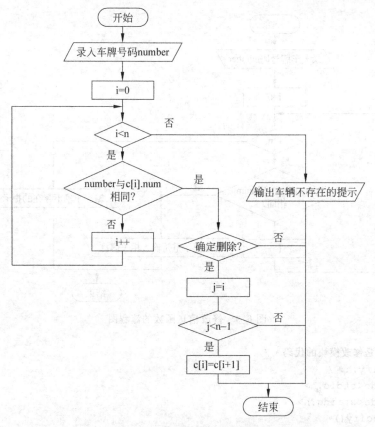

图 6.10　删除函数的流程图

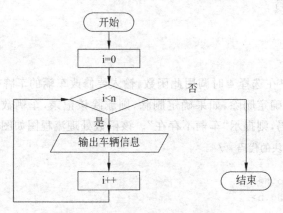

图 6.11　显示函数的流程图

```
/ * 以下是显示模块的代码 * /
/ * show.h * /
#include<stdio.h>
void show()
{
    ...//添加代码
}
```

8. 查询模块

函数功能：用户在选择 6 时调用此函数，输入要查询车辆的车牌号码，查找该车辆的存储位置，查找成功输出车辆信息；如果查找结束未找到该车牌号码，则提示"车辆不存在"。该函数处理流程图如图 6.12 所示。

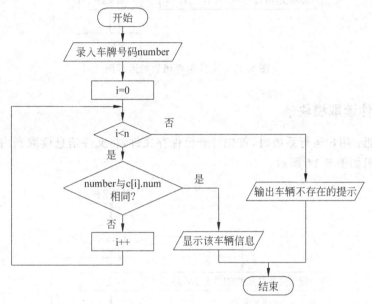

图 6.12　查询函数的流程图

```
/*以下是查询模块的代码*/
/*modify.h*/
#include<stdio.h>
void modify()
{
    ...//添加代码
}
```

9. 文件保存模块

函数功能：用户在执行完增、删、修改功能后，自动调用此函数，将内存信息保存到磁盘文件中。该函数处理流程图如图 6.13 所示。

```
/*以下是保存文件模块的代码*/
/*save.h*/
#include<stdio.h>
void save()
{
    ...//添加代码
}
```

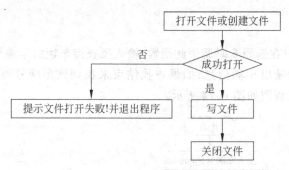

图 6.13　文件保存函数的流程图

10. 文件读取模块

函数功能：用户运行系统时，首先打开已保存文件，将文件信息读取到内存中。该函数处理流程图如图 6.14 所示。

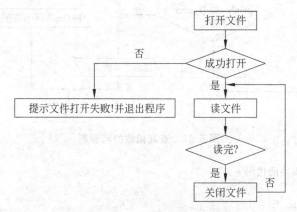

图 6.14　文件读取函数的流程图

```
/*以下是读取文件模块的代码*/
/*open.h*/
#include<stdio.h>
void read()
{
    ...//添加代码
}
```

11. 计费模块

函数功能：用户运行系统时，输入 7，调用该模块。停车 30 分钟以内不收费，超过 30 分钟按 1 小时收费。使用时，输入停车单价，输入车牌号码，显示该车的停车信息，通过运算输出停车费用。停车费用=(离开时间−进入时间)×单价。该函数处理流程图如图 6.15 所示。

```
/*以下是计费模块的代码*/
/*jifei.h*/
```

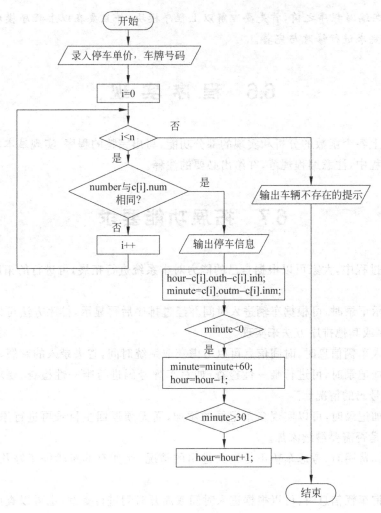

图 6.15 计费函数的流程图

```
#include<stdio.h>
void jifei()
{
    ...//添加代码
}
```

12. 界面模块

函数功能：用户运行系统时，调用该模块来显示系统的界面。

```
/*以下是界面模块的代码*/
/*cover.h*/
#include<stdio.h>
void cover()
{
    ...//添加代码
}
```

说明：在编写程序之前，首先要理解以上程序模块，并且要在以上程序模块的基础上根据自己的要求进行修改与完善。

6.6　程序实现

根据以上各个函数的分析和实现的部分功能，写出完整的程序，实现基本的功能。在程序设计过程中，注意编程规范，并给出必要的注释。

6.7　拓展功能要求

在开发过程中，大家可以根据自己的能力对本系统进行拓展，可进行的拓展功能包括以下方面。

（1）显示记录时，可根据车辆进入时间并经过排序后再显示，排序方法可以用冒泡排序、选择排序或其他排序方法来实现。

（2）录入车辆信息时，时间信息可以考虑获取系统时间，省去录入的麻烦。

（3）添加记录时，可进行唯一性检查，如对车牌号码进行唯一性检查，要求系统不出现重复车牌号码的情况。

（4）添加记录时，可以实现多条记录的添加，而无须返回主目录再进行添加操作，而是直接询问是否需要继续添加。

（5）计算费用时，考虑车辆不是当天进出的情况，比如有的车辆停了好几天，该如何计算收费。

（6）查询车辆信息时，可以根据进入时间或离开时间进行查询，也可以查询某个时间段停车场的车辆信息。

（7）考虑在界面上是否可以对文字或背景设置颜色。

（8）其他你认为可以实现的拓展功能。

6.8　小　　结

本章介绍了停车场停车管理系统的设计思路和实现过程，着重介绍了多文件编程，以及各个功能模块的设计流程和开发方法，主要利用结构体数组、文件读写等相关知识完成车辆信息的管理，包括车辆进出信息的添加、删除、修改、查找等功能，通过分析计算公式，计算停车收费，旨在帮助读者进一步掌握 C 语言下的文件和结构体类型的操作，从而为后续的 C 语言课程设计打下基础。

第7章 家庭财务管理系统的
分析与设计

7.1 设计目的

家庭财务管理系统应用软件给家庭成员提供了一个管理家庭财务的平台,用该系统可以对家庭成员的收入、支出进行增加、删除、修改和查询等操作,并能统计总收入和总支出。本章将使用C语言中关系表达式、逻辑表达式、顺序结构、选择结构、循环结构、函数、指针、链表等程序设计的基本语法和语义结构,通过该综合训练,掌握程序设计的基本方法、常用算法等。

7.2 基本功能描述

1. 系统操作主菜单界面

允许用户选择想要进行的操作,包括收入管理、支出管理、统计和退出系统等操作。能够进行的操作包括添加收入、查询收入明细、删除收入和修改收入的操作,支出管理包括添加支出、查询支出明细、删除支出和修改支出的操作。统计是对总收入和总支出进行统计操作。

2. 添加收入处理

用户根据提示,输入要添加的收入信息,包括收入的日期(要求4位的年份和月份),添加收入的家庭成员姓名、收入金额及备注信息。输入完一条收入记录,将其暂时保存在单链表中,返回主菜单界面。

3. 查询收入明细处理

根据用户输入的年月信息在单链表中查找收入信息,如果查询成功,按照预定格式显示该收入明细。如果没有数据,则给出相应的提示信息。查询结束后,提示用户是否继续查找,根据用户的输入进行下一步的操作。

4. 删除收入处理

首先提示用户输入要删除的年月,根据用户的输入在单链表中进行查询。如果没有查询到任何信息,系统给出相应的提示信息。如果查询成功,显示该收入明细,并提示用户输入相应的序号,删除该收入信息。用户输入对应的序号就删除相关的收入信息,并给出删除成功的提示信息。用户输入其他值则重新进行删除操作。

5. 修改收入处理

首先提示用户输入要进行修改收入的年月,如果单链表中有该收入信息存在,则提示用户输入要修改的收入日期、家庭成员姓名、收入金额以及备注等信息,并将修改结果重新存储在单链表中。如果没有找到要修改的收入信息,系统将给出提示信息。

6. 添加支出处理

完成用户支出信息的添加,与添加收入处理相似。

7. 查询支出明细处理

查询支出信息,与查询收入明细处理相似。

8. 删除支出处理

删除支出信息,与删除收入处理相似。

9. 修改支出处理

与修改收入处理相似。

10. 统计总收入与总支出处理

计算单链表中所有收入的和,所有支出的和,并将两者相减,得到家庭收入、支出的结余。

另外,添加记录时,要进行格式检查;修改、删除记录时,要进行逐条的询问。

7.3 总 体 设 计

7.3.1 功能模块设计

从图 7.1 可以看出,系统进行的主要操作是收入与支出的添加、查询、删除及更新操作,而收入与支出的操作流程几乎相同,所以对于相同操作可以通过调用同一函数,并传递不同的参数来完成。

家庭财务管理处理流程如图 7.2 所示。

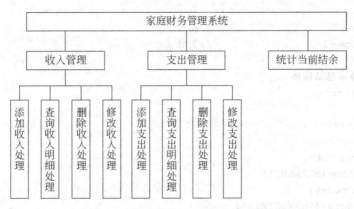

图 7.1　家庭财务管理系统的功能模块

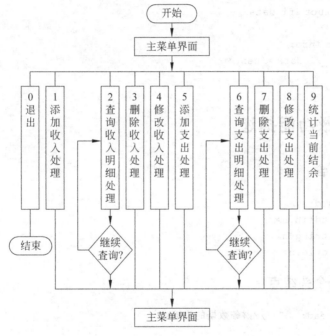

图 7.2　家庭财务管理处理流程

7.3.2　数据结构设计

常量定义如下：

```
#define MAXNAME 11          //家庭成员姓名的最大长度
#define MAXDETAIL 21        //备注的最大长度
#define MENU_COUNT 9        //菜单选项个数
//自定义枚举类型 fi_type,用来表示收入与支出
typedef enum _fi_type
```

```
    {
        income=1                      //收入
        payout=-1                     //支出
    } fi_type;
    //家庭财务信息结构体
    typedef struct
    {
        int year;
        int month;
        fi_type type;
        char name[MAXNAME];
        float money;
        char detail[MAXDETAIL];
    }fi_info;
    //存储财务数据结构的结构体
    typedef struct _fi_data
    {
        fi_info info;
        struct _fi_data * next;
    } fi_data;
```

7.3.3 函数功能描述

1. 文件包含

```
#include<stdio.h>
#include<stdlib.h>
#include<string.h>
#include<conio.h>
```

2. 定义一个头结点

```
fi_data * head;        //财务数据的头结点
```

3. 主函数及主菜单对应的处理函数

系统的执行从系统菜单的选择开始,允许用户输入 0 和 9 之间的数字来选择要进行的操作,输入其他字符无效,系统会给出相应的提示信息。若用户输入 0,则调用 quit() 函数,退出系统;若输入 1,则调用 add_income() 函数,进行添加收入操作;若输入 2,则调用 search_income() 函数,进行查询收入明细操作;若输入 3,则调用 delete_income() 函数,进行删除收入操作;若输入 4,则调用 update_income() 函数,进行修改收入操作;若输入 5,则调用 add_payout() 函数,进行添加支出操作;若输入 6,则调用 search_payout() 函数,进行查询支出明细;若输入 7,则调用 delete_payout() 函数,进行删除支出操作;若输入 8,则调用 update_payout() 函数,进行修改支出操作;若输入 9,则调用 count_total() 函数,进行当前结余统计。

```
int main()
{
    int selected=0;            //菜单选择变量
    initialize();              //系统初始化
    while(selected>=0&&selected<=MENU_COUNT)
    {
        system("cls");
        menu();                //显示主菜单
        printf(">请选择要进行的操作(%d~%d): ",0,MENU_COUNT);
        if(scanf("%d",&selected)!=1||selected<0||selected>MENU_COUNT)
        {   printf(">输入有误!请选择(%d~%d)之间的数字!按任意键重试……",0,MENU_
            COUNT);
            fflush(stdin);
            getchar();
        }
        else
        {
        switch(selected)
            {
                case 1:add_income();break;
                case 2:search_income();break;
                case 3:delete_income();break;
                case 4:update_income();break;
                case 5:add_payout();break;
                case 6:search_payout();break;
                case 7:delete_payout();break;
                case 8:update_payout();break;
                case 9:count_total();break;
                case 0:quit();
            }
        }
        selected=0;
    }
    return  0;
}
```

各函数说明如下。

• add_income()函数：用于添加收入信息。

函数功能：首先建立单链表，调用 input_info()函数(该函数的实现后面会提及)，提示用户输入收入信息，并将收入信息存储到单链表中，输入完后返回到主菜单页面。

练习：写出 add_income()函数。

• search_income()函数：查询收入明细。

函数功能：通过调用 search_data()(该函数的实现后面会提及)，来完成收入明细的查询。

练习：写出 search_income()函数。

• delete_income()函数：删除收入信息。

函数功能：通过调用 delete_data()(该函数的实现后面会提及)，来删除收入信息。

练习：写出 delete_income()函数。

• update_income()函数：修改收入信息。

函数功能：通过调用 update_data()(该函数的实现后面会提及)，来修改收入信息。

练习：写出 update_income()函数。

• add_payout()函数：用于添加支出信息。

函数功能：首先建立单链表，再次调用 input_info()函数()，提示用户输入支出信息，并将支出信息存储到单链表中，输入完后返回到主菜单页面。

练习：写出 add_payout()函数。

• search_payout()函数：查询支出明细。

函数功能：再次调用 search_data()来完成支出明细的查询。

练习：写出 search_payout()函数。

• delete_payout()函数：删除支出信息。

函数功能：再次调用 delete_data()来删除支出信息。

练习：写出 delete_payout()函数。

• update_payout()函数：修改支出信息。

函数功能：再次调用 update_data()来修改支出信息。

练习：写出 update_payout()函数。

• count_total()函数：统计总收入与总支出。

函数功能：在单链表中，计算收入与支出的总和，并将两者相减得到家庭收入的结余。

练习：写出 count_total()函数。

• quit()函数：退出系统。

处理流程：将财务数据保存到文件，释放单链表中数据，退出系统。

代码如下：

```
void quit()
{
    save_to_file();        //将财务数据保存到文件中
    clear_data();          //释放单链表中的数据
    exit(0);
}
```

7.3.4 主要处理函数

系统进行的主要操作是收入与支出的添加、查询、删除及更新操作。

(1) 添加操作

函数名称：input_info。

参数是财务信息结构体类型。

函数功能：提醒用户按指定格式输入收入或支出信息。

练习：完成 input_info()函数。

（2）查询操作

函数名称：search_info。

参数可以是 income 或 payout。

函数功能：用户输入查询的年月，根据输入的数据在单链表中查找收入或支出信息。如果没有查询到，则给出没有数据的提示信息；如果找到，则显示出来，显示可以调用 show_info()函数。

① 完成 search_info()函数。

② 完成 show_info()函数。

（3）删除操作

函数名称：delete_info。

参数可以是 income 或 payout。

函数功能：用户输入查询的年月，根据输入的数据在单链表中查找收入或支出信息。如果没有查询到，则给出没有数据的提示信息；如果找到，则显示出来，显示可以调用 show_info()函数，并提示用户输入序号进行删除。删除成功后，给出相应的提示信息。

练习：完成 delete_info()函数。

（4）更新操作

函数名称：update_info。

参数可以是 income 或 payout。

函数功能：用户输入查询的年月，根据输入的数据在单链表中查找收入或支出信息。如果没有查询到，则给出没有数据的提示信息；如果找到，则显示出来，并提示用户输入序号进行修改，用户可以根据提示信息输入要修改的支出或收入信息。

练习：完成 update_info()函数。

7.3.5　其他辅助函数

（1）系统初始化

函数名称：initialize()。

函数功能：系统初始化操作，数据文件和单链表初始化。判断数据文件是否存在，如果不存在则创建一个文件，如果存在则读取文件数据。

根据前面学习的内容，完成该函数。

（2）将财务数据保存到文件中

函数名称：save_to_file。

函数功能：将单链表中的数据保存到文件中。

程序清单：

```
void save_to_file()
{
    FILE * fp=fopen("data.txt","wb");
```

```
    fi_data * p=head;
    while(p!=NULL)
    {
        fwrite(&(p->info),sizeof(fi_info),1,fp);
        fseek(fp,0,SEEK_END);
        p=p->next;
    }
    fclose(fp);
}
```

（3）清空链表中的数据

函数名称：clear_data。

函数功能：退出系统时调用该函数,清空单链表中的数据。

（4）获取链表最后一个结点

函数名称：get_last。

函数功能：返回指向链表最后一个结点的指针,在添加收入与支出的时候调用。

（5）获取链表中符合给定条件的结点的前一个结点

参数：财务信息结构体指针。

函数名称：get_previous。

函数功能：在查找、删除、更新操作中查找符合要求结点的时候调用,返回指针。

7.4 程 序 实 现

在这个过程中,请大家根据以上分析的各个函数的实现情况,写出完整的程序,实现基本的功能,并且思考进一步优化的方法。

7.5 拓展功能要求

在开发过程中,同学们可以根据自己的能力对本系统进行拓展,可进行的拓展功能包括：

（1）在进行收入支出统计的时候,能够按月统计总收入、总支出和总余额。

（2）在进行收入支出统计的时候,能够按年统计。

（3）在进行收入支出统计的时候,能够按时间段统计。

（4）在进行收入支出统计的时候,能够按天统计。

（5）在进行收入支出统计的时候,能够按角色统计。

（6）在查询收入明细的时候,能够进行多关键字查找。

（7）在添加收入支出信息的时候,能够自动产生日期,不需要人工输入。

（8）菜单显示的时候,能够进行分级管理（即二级菜单）。

（9）显示收入支出明细的时候，能够按某个关键字排序。

（10）其他你认为可以实现的拓展功能。

7.6　小　　结

　　本章实现了一个简单的家庭财务管理系统，对于系统的分析、设计、创建全过程进行了详尽的描述，包括对收入信息和支出信息的增加、删除、修改和查询等基本功能。

　　由于本例中收入、支出的操作流程几乎相同，所以对于相同操作通过调用同一函数，而传递不同参数来完成，有效地实现了代码重用，也使得程序变得简洁易懂。

第8章　视频管理系统的分析与设计

8.1　设 计 背 景

宁波骏逸科技公司是一家新媒体运营企业,该公司库存大量的视频资源,为更好对视频资源进行管理,该公司研发了一款视频管理软件,此软件可以帮助工作人员查看公司现有视频库存,并对视频资源实现简单的管理。基本功能如图 8.1 所示。

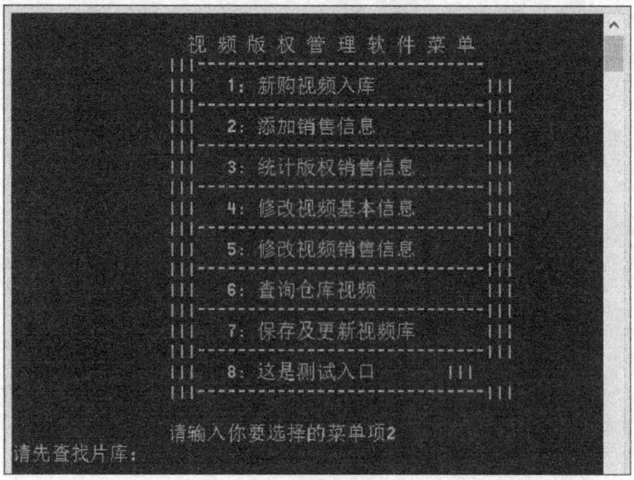

图 8.1　基本功能设计

8.2　基本功能描述

该软件作为骏逸科技的库存管理软件,主要负责其视频版权库的管理,视频版权交易是该公司的主要业务之一。所谓版权交易,是指从版权所有人处购买视频相关版权,然后以分销的方式出售给客户,其客户主要包括爱奇艺、土豆等视频在线网站。此软件的操作员即为库存管理人员,该用户要进行的操作有:新购买视频的入库,视频版权的销售记录,视频的分类统计等。另外,还有添加库存、查询库存明细、查看版权销售明细、删除记录和修改记录的操作。本系统将首次采用邻接表的链式存储结构,同时采用多文件方式进行开发。

1. 添加基本视频信息

对于新近购买的视频,首先要完成入库的工作,本菜单主要是完成视频信息入库,根据提示,用户要添加视频名称、视频版权购买金额、视频类别、视频集数,以及现在版权卖出人等信息。输入完一条收入记录,将其暂时保存在邻接表中,并返回主菜单界面。

2. 添加视频版权销售信息

对于版权的销售信息,要记录在案,每一次版权的销售信息要添加入库,以方便以后进行统计和查询,例如要添加版权购买客户信息、版权销售价格、版权卖出日期,每添加一条信息,就将其保存在邻接链表中。

3. 查询视频及相关销售信息

根据用户输入的视频相关信息在邻接链表中查找对应视频,并查找与之相关的销售信息。如果没有相关数据,则进行提示。在查询视频信息的同时,也查询与之相关的视频销售信息。

4. 修改视频信息

首先提示用户输入要进行修改的视频信息进行查找,根据查询结果告知用户,在视频信息存在的前提下,可对视频的相关信息进行修改。

5. 修改视频销售信息

首先提示用户输入要进行修改的视频信息以便进行查找,根据查询结果告知用户。在视频信息存在的前提下,可对视频的销售信息进行修改。

6. 统计视频的总收入与总支出

计算邻接链表中所有销售记录的和,以及购买视频版权的金额。

8.3　总 体 设 计

该软件作为骏逸科技的库存管理软件,主要负责其视频版权库的管理,包括购买视频版权,购买新视频信息要入库,以及接下来分销环节的销售信息也要入库;入库后如果需要对库存信息进行修改,该软件可完成视频基本信息以及销售信息的修改;而对于视频的版权销售情况,可通过统计和查询功能进行查看。整个视频的信息可保存在磁盘的文本文件里。从图 8.1 可以看出,该系统的主要用户为库存管理人员,系统主要进行的操作包括四大主要部分,添加、修改、统计查询和保存。其中添加的信息主要包括两个方面,添加视频基本信息与视频的销售信息,修改同样包括视频基本信息和视频销售信息,而统计功能主要针对视频的版权销售进行统计。系统的功能模块如图 8.2 所示。

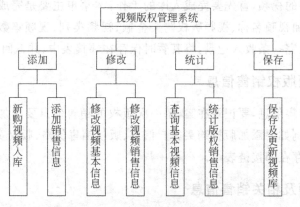

图 8.2　视频管理系统的功能模块

8.3.1　功能模块设计

从图 8.1 可以看出,系统进行的主要操作是视频相关信息的添加、查询、删除及更新操作。图 8.3 描述了整个系统的调用流程,首先要进行初始化,初始化的过程主要是将原有文件的数据导入,接下来用户可进行选择性操作,操作过程可无限制重复执行。

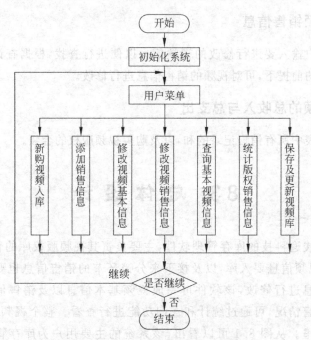

图 8.3　视频管理系统的处理流程

8.3.2 文件设计

由于该系统设计的模块较多,在系统设计过程中,采用了多文件的设计模式,多文件的设计方式可使系统的结构更为清晰,该系统主要包含如下文件:head.h、main.c、menu.c、init.c、save.c、add.c、search.c、show.c、update.c、cens.c,其中 head.h 文件包括主要数据结构和主要函数声明部分,剩余文件如需使用则采用"♯include "head.h""方式包含头文件后,直接引用对应数据类型即可。表 8.1 详细介绍了各个文件的功能,以及文件中包含的函数。

表 8.1 各个文件的功能及包含的函数

文件名	内　　容	功　　能
head.h	主要数据结构	头文件
main.c	int main()	主调函数,完成对各个模块的调用
menu.c	void menu()	菜单信息
init.c	void init()	系统开始运行后将文件信息导入系统
save.c	void save_vid()	保存全部信息到磁盘文件中
add.c	void add_vid() void add_sale()	添加视频以及视频相关版权销售信息
search.c	int search_vid()	根据片名等关键字进行查询,并将查询结果返回给主调函数。如果查询不到则返回－1
show.c	void show_vid(int start,int end) void show_sale()	第一个函数根据查询结果显示视频信息; 第二个函数根据查询结果显示对应视频的销售信息
update.c	void update_vid() void update_sale()	根据查询结果对视频以及视频的销售信息进行修改
cens.c	void cens()	统计某视频的销售状况,包括盈利状况

表 8.1 介绍的文件里,head.h 文件最特殊,这是设计的头文件,系统中所有的源文件几乎都包含了该文件。以下是 head.h 的主要代码。

```
//邻接表
#include<stdio.h>
#include<string.h>
#include<time.h>
#include<conio.h>
#include<malloc.h>
#define MAX 500
struct sale_out
{
    float saleout_price;        //卖出价格
    char saleout_custer[20];    //购买客户
    char dat_time[30];          //卖出日期
    char name[20];
```

```
        struct sale_out * next;
    };
    struct vide_inf
    {
        char name[20];
        float salein_price;
        char custer[20];                    //版权所有人
        int vidser;                         //总集数
        int salecount;
        struct sale_out * next;
    };
    struct vide_inf vid[MAX];
    int length;                             //数组实际长度
```

8.3.3 数据结构设计

该系统综合考虑存储优化及查找效率,采用邻接表方式进行存储,定义两个对应的结构体类型,其中 struct sale_out 主要用来存储视频版权的基本信息,struct vide_inf 主要用来存储对应视频的版权销售信息,如图 8.4 所示,struct sale_out 作为表头结点对应类型,struct vide_inf 代表表结点,其中表头采用顺序存储方式即结构体数组,而表则采用链式存储结构,即单链表。

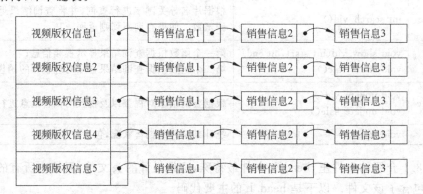

图 8.4　邻接表

```
#define MAX 500
struct sale_out                         //视频销售信息
{
    float saleout_price;                //卖出价格
    char saleout_custer[20];            //购买客户
    char dat_time[30];                  //卖出日期
    char name[20];                      //视频名称
    struct sale_out * next;
};
struct vide_inf                         //视频基本信息
{
    char name[20];                      //视频名称
```

```
    float salein_price;                //视频版权购买价格
    char custer[20];                   //版权所有人
    int vidser;                        //总集数
    int salecount;                     //销售记录计数
    struct sale_out * next;
};
```

8.3.4　函数功能描述

1. 文件包含

```
#include<stdio.h>
#include<string.h>
#include<time.h>
#include<conio.h>
#include<malloc.h>
```

2. 定义一个头结点

```
struct vide_inf vid[MAX];              //邻接表
```

3. 主函数及主菜单对应的处理函数

系统的执行从系统菜单的选择开始,允许用户输入 1 和 7 之间的数字来选择要进行的操作,输入其他字符无效,系统会给出相应的提示信息。若用户输入 1,调用 add_vid()函数,进行视频基本信息的添加;若输入 2,则调用 add_sale()函数,进行视频版权销售信息的添加,在添加版权销售时,要求先进行版权信息的查询;若输入 3,则调用 cens()函数,进行版权销售统计操作,统计的前先进行查询;若输入 4,则调用 update_vid()函数,进行修改操作;若输入 5,则调用 update_sale()函数,进行销售信息的修改;若输入 6,则调用 search_vid()函数,对视频以及相关销售信息进行查询;若输入 7,主要进行相关操作的保存和更新,主要保存在磁盘的文件中,方便下次进行导入;菜单 8 作为测试菜单,是留给程序员的测试接口,待程序全部完成,此接口将被屏蔽。

```
#include "head.h"
int main(int argc,char * argv[])
{
    char yn;
    char choice;
    init();
    do
    {
        menu();
        fflush(stdin);
        choice=getchar();
        switch(choice)
```

99

```
        {
            case '1': add_vid();                    //添加视频
                break;
            case '2': add_sale();
                break;
            case '3': cens() ;
                break;
            case '4': update_vid();
                break;
            case '5': update_sale();
                break;
            case '6': search_vid();
                break;
            case '7': save_vid();
                break;
            case '8':  show_vid(0,length);          //显示所有视频
                break;
            default:
                break;
        }
        fflush(stdin);
        printf("\n 请输入是否继续 y||Y");
        yn=getchar();
    }while(yn=='y'||yn=='Y');
    return 0;
}
```

• add_vid()函数：用于添加刚购入的视频版权相关信息。

函数功能：视频版权相关信息存在 vid 对应的数组中，该函数主要完成视频名称、版权所有人、买入版权价格以及相关视频集数的添加。添加的信息存储在 vid 对应的数组中，同时将记录数组实际长度的 length 加 1。

练习：写出 add_vid()函数。

• add_sale()函数：添加视频版权信息。

函数功能：通过调用 search_vid()（该函数的实现后面会提及），查询是否有相关视频信息，并显示；如果存在该视频信息，创建一个表结点，然后插入到对应的表中，同时表头重的销售信息计数增加 1。

练习：写出 add_sale()函数。

• show_vid (int start,int end)函数：显示从 start 到 end 的所有记录。

函数功能：根据传给该函数的参数，即 start 和 end，将数组 vid 中的对应信息显示出来。该函数设置了两个形参，这两个参数可以帮助开发者根据需要显示各种数据。

练习：写出 show_vid(int start,int end)函数。

• show_sale()函数：显示对应视频的销售信息。

函数功能：首先通过调用 search_vid ()（该函数的实现后面会提及），查询是否存在要进行销售的视频。如果存在，则将该视频相关的所有的销售信息进行显示。

练习：写出 show_sale()函数。

- int search_vid()函数：用于查询是否存在对应视频。

函数功能：首先检索 vid 数组，检索的范围为长度 length 范围内的数组，并将检索到的数组对应的下表返回，如果没有检索到，则返回值为－1。

练习：写出 search_vid()函数。

- update_vid()函数：修改视频版权信息。

函数功能：再次调用 search_vid()来查询视频相关信息。如果存在该视频，则允许用户对视频的原有信息进行修改。

练习：写出 update_vid()函数。

- update_sale()函数：修改视频版权销售信息。

函数功能：调用 search_vid()来查询对应视频，如果存在该视频，则输出所有销售信息，然后允许用户对指定条进行修改。

练习：写出 update_sale()函数。

- cens()函数：统计销售情况

函数功能：调用 search_vid()来查询对应视频，在该视频存在的前提下，对视频的销售信息进行统计，其中包括该视频的销售和盈利状况。

练习：写出 cens()函数。

- save_vid()函数：保存整个邻接表。

函数功能：对邻接表进行保存，邻接表的保存是指所有的表头结点和表结点。可以考虑保存一个表头结点和该头的所有表结点。

练习：写出 save_vid()函数。

- init()函数：初始化系统。

将文件中保存的所有数据导入，导入的过程要逐条导入，在该程序的编写过程中，最有难度的就是如何辨别文件存储的记录是表头结点对应信息还是表结点对应信息。如下程序可作为参考。

```c
#include "head.h"
void init()
{
    FILE * fp;
    int i=0;
    int count;
    struct sale_out * p;
    fp=fopen("vid.txt","r");
    while(fread(&vid[i],sizeof(struct vide_inf),1,fp)==1)
    {
        vid[i].next=NULL;
        count=vid[i].salecount;
        while(count>0)
        {
            p=(struct sale_out * )malloc(sizeof(struct sale_out));
```

```
        fread(p,sizeof(struct sale_out),1,fp);
        p->next=vid[i].next;
        vid[i].next=p;
          count--;
      }
      i++;
    }
    length=i;
    fclose(fp);
  }
```

练习：写出 init()函数。

8.3.5　主要处理函数

系统进行的主要操作是收入与支出的添加、查询、删除及更新操作。

（1）添加操作

函数名称：input_info。

参数是财务信息结构体类型。

函数功能：提醒用户按指定格式输入收入或支出信息。

练习：完成 input_info()函数。

（2）查询操作

函数名称：search_info。

参数可以是 income 或 payout。

函数功能：用户输入查询的年月，根据输入的数据在单链表中查找收入或支出信息。如果没有查到，则给出没有数据的提示信息；如果找到，则显示出来，显示可以调用 show_info()函数。

① 完成 search_info()函数。

② 完成 show_info()函数。

（3）删除操作

函数名称：delete_info。

参数可以是 income 或 payout。

函数功能：用户输入查询的年月，根据输入的数据在单链表中查找收入或支出信息。如果没有查到，则给出没有数据的提示信息；如果找到，则显示出来。显示可以调用 show_info()函数，并提示用户输入序号进行删除，删除成功后，给出相应的提示信息。

练习：完成 delete_info()函数

（4）更新操作

函数名称：update_info。

参数可以是 income 或 payout。

函数功能：用户输入查询的年月，根据输入的数据在单链表中查找收入或支出信息。

如果没有查到,则给出没有数据的提示信息;如果找到,则显示出来,并提示用户输入序号进行修改,用户可以根据提示信息输入要修改的支出或收入信息。

练习:完成 update_info()函数。

8.3.6　其他辅助函数

菜单函数名称为 menu()。

函数功能:系统菜单展示。

练习:完成 menu()函数。

8.4　程序实现

在这个过程中,请大家根据以上分析的各个函数的实现情况,写出完整的程序,实现基本的功能,并且思考进一步优化的方法。

8.5　拓展功能要求

在开发过程中,大家可以根据自己的能力对本系统进行拓展,可进行的拓展功能包括:

(1) 在添加信息的时候,能够自动产生日期,不需要人工输入。

(2) 菜单显示的时候,能够进行分级管理(即二级菜单)。

(3) 开发更为完善的统计功能。

(4) 删除功能的完善。

(5) 其他你认为可以实现的拓展功能。

8.6　小　　结

本章实现了一个简单的视频管理系统,本系统采用邻接表进行存储,邻接表相对单链表操作更为复杂,存储更为麻烦。本章通过对各个模块的描述,详细地叙述了在邻接表上的各个操作。该软件在开发中采用了多文件的开发方式,设计了 heads.h 对应的头文件,此种开发方式可便于进行团队合作以及体现工程思想。本章中仅仅只展示了部分代码,大部分功能函数需要自己完成。

第9章 时钟图形输出

9.1 设 计 目 的

时钟图形输出是一个简单的图形输出,本案例主要让大家掌握利用 graphics.h 中的图形绘画函数画出基本圆、线及图形界面的字符输出方式。

9.2 基本功能描述

1. 主界面

模拟家庭钟表,利用时针、分针、秒针进行时间的显示。

2. 退出

单击"退出"按钮可以退出系统。

9.3 总 体 设 计

9.3.1 功能模块设计

从图 9.1 可以看出,系统进行的主要操作是输出图形符号。

图 9.1 时钟图形的功能模块

9.3.2　数据结构设计

```
//常量的定义
#define X 320              //钟表圆心横坐标
#define Y 240              //钟表圆心纵坐标
#define PI 3.1415926
#define SIZE 100           //钟表圆半径
//时钟阵坐标结构体
typedef struct T
{
    int x;
    int y;
}TIME;
    //存储时钟指针坐标结构体变量
    TIME h,m,s;            //分别表示时针、分针、秒针
```

9.3.3　函数功能描述

1. 文件包含

```
#include<graphics.h>
#include<math.h>
#include<time.h>
#include<stdio.h>
```

2. 主函数及主菜单对应的处理函数

系统的执行从图形初始化函数开始,然后绘制时钟圆盘界面,最终通过控制指针的移动来显示钟表的时间。

```
void main(void)
{
    initgr();
    drawclock();
    showtime();
    getch();
    closegraph();
}
```

3. 主要处理函数

(1) 初始化操作
函数名称：initgr()。
参数：无。
返回值：无。

函数功能：初始化显卡。

练习：完成 initgr()函数。

（2）时钟绘制操作

函数名称：drawclock()。

参数：无。

返回值：无。

函数功能：绘制时钟圆盘,以及时间刻度。

练习：完成 drawclock()函数。

（3）时间显示操作

函数名称：showtime()。

参数：无。

返回值：无。

函数功能：通过时针、分针、秒针的移动来显示时间。

练习：完成 showtime()函数。

9.4 程 序 实 现

在上面三个函数的实现过程中用到多个系统标准库函数,特别是画圆、画线等函数。

9.5 拓 展 功 能 要 求

在开发过程中,大家可以根据自己的能力对本系统进行拓展,可进行的拓展功能包括：

（1）在显示基本时钟的基础上,能够同时显示数字化的时钟。

（2）在一个表盘上,能够显示多个地区的时间,即多个时钟同时显示,大小镶嵌。

（3）能够在时钟上显示日期和星期等其他相关信息。

（4）能够增加时钟的背景,实现简单动画效果。

（5）在显示时钟的基础上实现整点报时功能。

（6）在显示时钟的基础上实现闹钟功能。

（7）其他你认为可以实现的拓展功能。

9.6 小 结

C 语言提供了非常多的图形编程函数,有兴趣的同学可以查阅相关资料,并加以灵活运用,肯定能画出非常漂亮的图形。一般绘图时,首先要清除屏幕,设置图形视口,设置绘图颜色,然后在屏幕上某个位置画点、直线或曲线等。

　　比如,用户可以设置字符显示的高亮度或低亮度,以及闪烁、背景颜色等。具有这些操作的函数称为字符属性函数。除了仅支持单模式和单色的显示卡外,字符属性函数适用于其余所有的显示卡。

　　进行图形显示首先要确定显示卡,然后选择其显示模式。这些工作都可以调用图形功能函数来完成,其实就是把适合于显示卡的图形驱动程序装入内存。如果图形驱动程序未装入内存,那么图形函数就不能操作。

第 10 章　俄罗斯方块游戏的分析与设计

　　俄罗斯方块是一款风靡全球的掌上游戏机游戏,它由俄罗斯人阿列克谢·帕基特诺夫发明,故得此名。俄罗斯方块的基本规则是移动、旋转和摆放游戏自动输出的各种方块,使之排列成完整的一行或多行并且消除得分。由于上手简单、老少皆宜,从而家喻户晓,风靡世界。俄罗斯方块曾经造成的轰动与造成的经济价值可以说是游戏史上的一件大事,它看似简单但却变化无穷,令人上瘾。相信大多数用户都还记得为它痴迷得茶不思饭不想的那个俄罗斯方块时代。俄罗斯方块上手虽然简单,但是要熟练地掌握其中的操作与摆放技巧,难度却不低。这么优秀的娱乐工具,我们自己是不是也可以编写出来呢?那是肯定的。

10.1　设 计 目 的

　　本程序旨在训练读者的基本编程能力和游戏开发技巧,熟悉 C 语言图形模式下的编程。本程序在设计编写的时候,涉及结构体、数组、时钟中断及绘图等方面的知识。通过本程序的训练,使大家能够对 C 语言程序有一个更深刻的了解,并掌握俄罗斯方块游戏开发的基本原理,为将来开发更高质量的游戏奠定一定的基础。

10.2　基本功能描述

　　本程序主要实现以下功能,如图 10.1 所示。

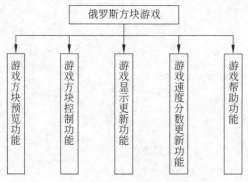

图 10.1　俄罗斯方块游戏功能描述图

具体说明如下：

（1）游戏方块的预览功能。在游戏过程中，当在游戏底板中出现一个游戏方块时，必须在游戏方块预览区域中出现下一个游戏方块，这样有利于游戏玩家控制游戏的策略。在此游戏中存在 19 种不同的游戏方块，所以在游戏方块预览区域中需要显示随机生成的游戏方块。

（2）游戏方块的控制功能。通过各种条件的判断，实现对游戏方块的左移、右移、快速下移、自由下落、旋转功能，以及消除满行的功能。

（3）游戏显示的更新功能。当游戏方块左右移动、下落、旋转时，要清除先前的游戏方块，用新坐标重绘游戏方块。当消除满行时，要重绘游戏底板的当前状态。

（4）游戏速度分数的更新功能。在游戏玩家进行游戏过程中，需要按照一定的游戏规则给游戏玩家计算游戏分数。比如，消除一行加 10 分。当游戏分数达到一定数量之后，需要给游戏者进行等级的上升，每上升一个等级，游戏方块的下落速度将加快，游戏的难度将增加。

（5）游戏帮助功能。进入游戏后，将有对本游戏如何操作的友情提示。

10.3　总　体　设　计

10.3.1　功能模块设计

1. 游戏执行总流程

本俄罗斯方块游戏执行主流程如图 10.2 所示。在判断键值时，有左移 VK_LEFT、右移 VK_RIGHT、下移 VK_DOWN、变形旋转 VK_UP、退出 VK_ESC 键值的判断。按 Esc 键退出。

若为 VK_LEFT，则先调用 MoveAble() 函数，判断能否左移，若可以左移，则调用 EraseBox() 函数，清除当前游戏方块，接着调用 ShowBox() 函数，在左移的位置处，显示当前的游戏方块。右移动作与此相似。但在执行下移判断中，若不能再移，必须将 flag_newbox 标志置 1。若为 VK_UP，则执行旋转动作。判断旋转动作能否执行，要满足的条件较多（比如是否碰到边缘，是否可以旋转等），否则不予执行此次旋转。

2. 游戏方块预览

新游戏方块将在如图 10.3 所示的 4×4 的正方形小方块中预览。使用随机函数 rand() 来产生 1 和 19 之间的游戏方块编号，并作为预览方块的编号。其中的正方形小方块的大小为 BSIZE×BSIZE。BSIZE 为设定的像素大小。

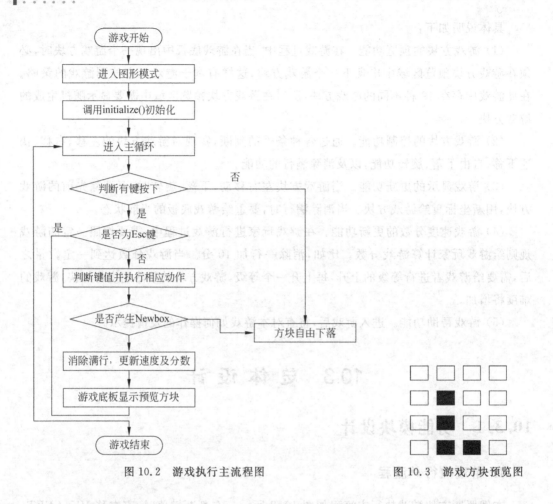

图 10.2　游戏执行主流程图　　　　　图 10.3　游戏方块预览图

3. 游戏方块的控制

游戏方块的控制是此游戏开发的重点和难点部分。下面分别介绍左移、右移、下移、旋转及满行判断的实现。

（1）左移的实现过程

判断在当前的游戏底板中能否左移。这一判断必须满足如下两个条件：游戏方块整体左移一位以后，游戏方块不能超越游戏底板的左边线，否则越界；并且在游戏方块有值（值为 1）的位置，游戏底板必须是没有被占用的（占用时，值为 1）。若满足这两个条件，则执行左移操作，否则不执行。

清除左移前的游戏方块。

在左移一位的位置，重新显示此游戏方块。

（2）右移的实现过程

判断在当前的游戏底板中能否右移。这一判断必须满足如下两个条件：游戏方块整体右移一位以后，游戏方块不能超越游戏底板的右边线，否则越界；并且在游戏方块有值（值为 1）的位置，游戏底板必须是没有被占用的（占用时，值为 1）。若满足这两个条件，则执行右移操作,否则不执行。

清除右移前的游戏方块。

在右移一位的位置,重新显示此游戏方块。

（3）下移的实现过程

判断在当前的游戏底板中能否下移。这一判断必须满足如下两个条件:游戏方块整体下移一位以后,游戏方块不能超越游戏底板的底边线,否则越界;并且在游戏方块有值（值为1）的位置,游戏底板必须是没有被占用的（占用时,值为1）。若满足这两个条件,则执行下移操作,否则将 flag_newbox 标志置1,主循环中会判断此标志,若为1,则会生成下一个游戏方块,并更新预览游戏方块。

清除下移前的游戏方块。

在下移一位的位置,重新显示此游戏方块。

（4）旋转的实现过程

判断在当前的游戏底板中能否旋转。这一判断必须满足如下条件:游戏方块整体旋转后,游戏方块不能超越游戏底板的左边线、右边线和底边线,否则越界;并且在游戏方块有值（值为1）的位置,游戏底板必须是没有被占用的（占用时,值为1）。若满足这些条件,则执行下面的旋转动作。否则,不执行旋转动作。

清除旋转前的游戏方块。

在游戏方块显示区域（4×4）不变的位置,利用保存当前游戏方块的数据结构中的 next 值作为旋转后形成的新游戏方块的编号,并重新显示这个编号的游戏方块。

当生成新的游戏方块前,执行行满的检查,判断行满的过程为:

依次从下到上扫描游戏地底板中的各行,若某行中1的个数等于游戏底板中水平方向上的小方块的个数,则表示此行是满的。找到满行后,立即将游戏底板中的数据往下顺移一行,直到游戏底板逐行扫描完毕。

4. 游戏显示的更新

当游戏方块左右移动、下落、旋转时,要清除先前的游戏方块,用新坐标重绘游戏方块。当消除满行时,要重绘游戏底板的当前状态。

清除游戏方块的过程为:用先画轮廓再填充的方式,使用背景色填充小方块,然后使用前景色画一个游戏底板中的小方块。循环此过程,变化当前坐标,填充及画出共16个这样的小方块。这样在游戏底板中,消除了此游戏方块。

显示方块的过程与此类似。

5. 游戏速度分数的显示

当判断出一行满时,score 变量加一固定值（如10）,可以把等级 level 看作是速度 speed,因为速度 speed 是根据计分的 score 值不断上升的,所以我们定义 level＝speed＝score/speed_step,其中 speed_step 是每升一级所需要的分数。方块下落速度加快,这是不断修改了定时计数器变量 TimerCounter 判断条件的结果。速度越快,同时中断的间隔就越短。

提示：系统时钟中断大约每秒钟发生18.2次。截获正常的时钟中断，并在处理定义成正常的时钟中断后，将一个计时变量加1。这样，每秒钟计时变量约增加18，需要控制时间的时候，只需要判断计时变量就行了。

6. 游戏帮助

实现比较简单，用文字说明即可。

10.3.2 数据结构设计

1. 游戏底板 BOARD 结构体

```
struct BOARD              //游戏底板中每个小方块的属性
{
    int var;              //是否占用
    int color;            //颜色
}Table_board[Vertical_boxs][Horizontal_boxs];
```

BOARD 结构体表示游戏底板中每个小方块所具有的属性。其中 var 表示小方块当前的状态，只有 0 和 1 两个值，1 表示此小方块已被占用，0 表示未被占用。color 表示小方块的颜色，游戏底板的每个小方块可以拥有不同的颜色，以增强美观。Vertical_boxs 为游戏底板上垂直的方向上小方块的个数，Horizontal_boxs 为游戏底板上水平方向上小方块的个数。

2. 游戏方块 SHAPE 结构体

```
struct SHAPE              /*某个游戏方块的属性*/
{
    char box[2];          /*方块的形状*/
    int color;            /*方块的颜色*/
    int next;             /*下个游戏方块的编号*/
};
```

SHAPE 结构体表示某个游戏方块具有的属性。其中，char box[2]表示这个游戏方块的颜色，每 4 位表示一个游戏方块的一行。color 表示每个游戏方块的颜色，颜色可以设置为 BLACK、BLUE、GREEN、CYAN、RE、MAGENTA、BROWN、LIGHTGRAY、DARKGRAY、LIGHTBLUE、LIGHTGREEN、LIGHTCYAN、LIGHTRED、LIGHTM-AGENTA、YELLOW 和 WHITE。

next 表示下个游戏方块的编号，在旋转时需要用到这个编号。

如 box[0]="0x88"，box[1]="0xc0"，其中 0x88 和 0xc0 为十六进制表示形式，具体表示的含义如图 10.4 所示。

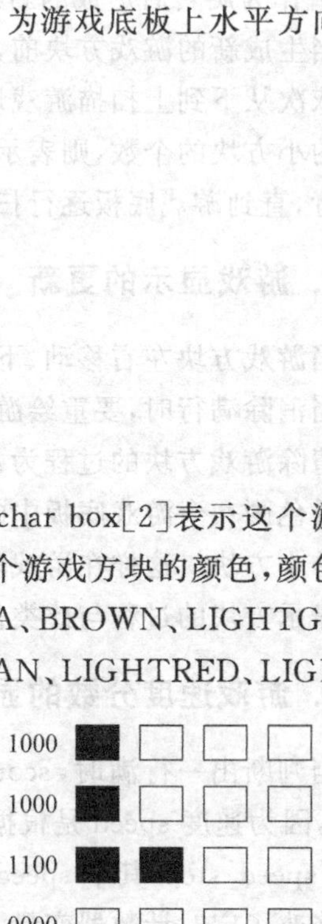

图 10.4　SHAPE 结构示意图

3. SHAPE 结构体数组

初始化游戏方块内容，即定义 MAX_BOX 个 SHAPE 类型的结构体数组，并初始化。MAX_BOX 为 19。因为一共有 19 种不同形状的俄罗斯方块。其各值的定义如下：

```
struct SHAPE shapes[MAX_BOX]={
/*
```

```
*/
  {0x88,0xc0,CYAN,1},
  {0xe8,0x0,CYAN,2},
//此处请自行补充
/*
```

```
*/
//此处请自行补充
  {0xc8,0x80,MAGENTA,7},
  {0xe2,0x0,MAGENTA,4},
/*
```

```
*/
  {0x8c,0x40,YELLOW,9},
//此处请自行补充
/*
```

```
     */
//此处请自行补充
   {0xc6,0x0,BROWN,10},
     /*
```

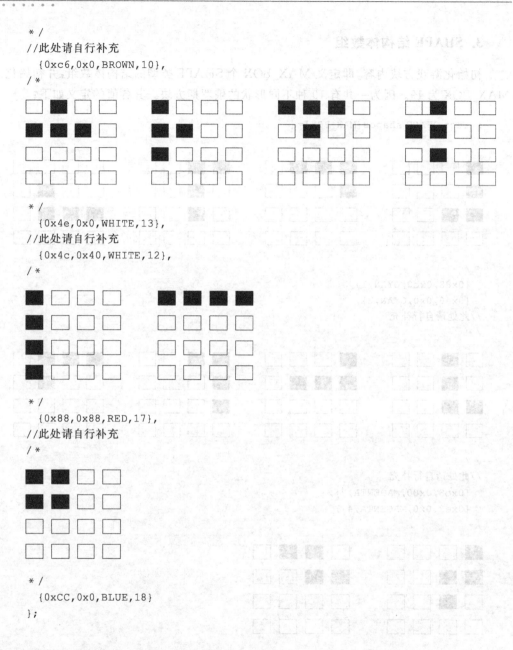

```
     */
   {0x4e,0x0,WHITE,13},
//此处请自行补充
   {0x4c,0x40,WHITE,12},
     /*
```

```
     */
   {0x88,0x88,RED,17},
//此处请自行补充
     /*
```

```
     */
   {0xCC,0x0,BLUE,18}
};
```

10.3.3 函数功能描述

（1）newtimer()

函数原型：void interrupt newtimer(void)。

该函数为新的时钟中断处理函数。

（2）SetTimer()

函数原型：void SetTimer(void interrupt(* IntProc)(void))。

该函数用于设置新的时钟中断处理函数。

（3）KillTimer（）

函数原型：void KillTimer（）。

该函数用于恢复原有的时钟中断处理过程。

（4）initialize（）

函数原型：void initialize（int x，int y，int m，int n）。

该函数用于初始化界面，具体为在传入参数 x、y 指明位置上画 m 行 n 列小方块，并显示计分、等级、帮助及预览游戏方块等。

（5）DelFullRow（）

函数原型：int DelFullRow（int y）。

该函数用户处理删除一满行的情况。y 指明具体哪一行为满行。

（6）setFullRow（）

函数原型：void setFullRow（int t_boardy）。

该函数用于找到满行，并调用 DelFullRow（）函数来处理满行，t_boardy 为在游戏底板中的垂直方向的坐标值。

（7）MkNextBox（）

函数原型：int MkNextBox（int box_numb）。

该函数用于生成下一个游戏方块，并返回方块号。box_numb 表示当前的游戏方块号。

（8）EraseBox（）

函数原型：void EraseBox（int x，int y，int box_numb）。

该函数用于清除（x，y）位置开始的编号为 box_numb 的游戏方块。

（9）show_box（）

函数原型：void show_box（int x，int y，int box_numb，int color）。

该函数用于显示（x，y）位置开始的编号为 box_numb 的、颜色值为 color 的游戏方块。

（10）MoveAble（）

函数原型：int MoveAble（int x，int y，int box_numb，int direction）。

该函数判断是否可以移动。（x，y）为当前方块位置，box_numb 为方块号，direction 为方向标志，返回 true 和 false。

（11）main（）

该函数即主函数，为整个游戏的主控部分。

10.4　程序实现

10.4.1　源码分析

1. 程序预处理

程序预处理部分包含头文件，并且要定义结构体、常量和变量，并对它们进行初始化工作。

```c
#include "conio.h"
#include "stdio.h"
#include "stdlib.h"
#include "dos.h"
#include "graphics.h"              //思考这些头文件的功能
#define VK_LEFT 0X4B00
#define VK_RIGHT 0X4D00
#define VK_DOWN 0X5000
#define VK_UP 0X4800
#define VK_ESC 0X011B              //设置按键
#define TIMER 0X1C                 //设置中断号
#define closegr closegraph
#define Vertical_boxs 15           /*整个游戏面板的高为 15 个小方块*/
#define Horizontal_boxs 10         /*宽 10 个小方块*/
#define MAX_BOX 19                 /*19 种不同形状的方块*/
#define BSIZE 20                   /*游戏方块的边长*/
#define Sys_x 160                  /*游戏方块界面左上角的 x 坐标*/
#define Sys_y 25                   /*游戏方块界面左上角的 y 坐标*/
#define Begin_boxs_x Horizontal_boxs/2   /*产生第一个游戏方块时出现的起始位置*/
#define FgColor 3                  /*前景色*/
#define BgColor 0                  /*背景色*/
#define LeftWin_x Sys_x+Horizontal_boxs*BSIZE+46      /*右边状态栏的 x 坐标*/
#define false 0
#define true 1
#define MoveLeft 1
#define MoveRight 2
#define MoveDown 3
#define MoveRoll 4                 /*每个小方块都看作是 BSIZE 像素×BSIZE 像素大小的正方形*/

int current_box_numb;              /*保存当前游戏方块的编号*/
int Curbox_x=Sys_x+Begin_boxs_x*BSIZE,Curbox_y=Sys_y;
int flag_newbox=false;             /*是否产生新游戏方块的标记*/
int speed=1;                       /*下落速度*/
int score=0;                       /*总分*/
int speed_step=30;                 /*每等级所需要的分数*/
void interrupt(*oldtimer)(void);
                                   /*指向原来时钟中断处理过程入口的中断处理函数指针*/

void initgr(void)                  /*BGI 初始化*/
{
    int gd=DETECT,gm=0;            /*与"gd=VGA,gm=VGAHI"效果一样*/
    registerbgidriver(EGAVGA_driver);
                                   /*注册 BGI 驱动后可以不需要 BGI 文件的支持运行*/
    initgraph(&gd,&gm,"c:\\win-tc");        /*C:\JMSOFT\CYuYan\tc3\BGI*/
}
struct BOARD                       /*游戏底板中每个小方块的属性*/
```

```
{
    int var;                    /* 是否占用 */
    int color;                  /* 颜色 */
}
Table_board[Vertical_boxs][Horizontal_boxs];
struct SHAPE                    /* 某个游戏方块的属性 */
{
    char box[2];                /* 方块的形状 */
    int color;                  /* 方块的颜色 */
    int next;                   /* 下个游戏方块的编号 */
};
//此处定义 19 种不同形状的方块,即结构体数组的定义与初始化
unsigned int TimerCounter=0; //定时计数器变量
```

2. 主函数 main()

main()函数主要实现了对整个程序的运行控制,以及相关功能模块的调用,详细分析可参考流程图(见图 10.2)。

```
int main(void)
{
    int GameOver=0;
    int key,nextbox;
    int Currentaction=0;
    initgr();  /* BGI 初始化,该函数请自己补充 */
    ...//设置游戏界面的背景色和前景色
    randomize();
    SetTimer(newtimer);
    initialize(Sys_x,Sys_y,Horizontal_boxs,Vertical_boxs);
    nextbox=MkNextBox(-1);
    show_box(Curbox_x,Curbox_y,current_box_numb,shapes[current_box_numb].
    color);
    show_box(LeftWin_x,Curbox_y+200,nextbox,shapes[nextbox].color);
    show_help(Sys_x,Curbox_y+320);
    getch();
    while(1)
    {
        Currentaction=0;
        flag_newbox=false;
        if(bioskey(1)) {key=bioskey(0);  }        /* 检测是否有按键 */
        else key=0;
        switch(key)
        {
            case VK_LEFT:
                if(MoveAble(Curbox_x,Curbox_y,current_box_numb,MoveLeft))
                {
                    EraseBox(Curbox_x,Curbox_y,current_box_numb);
                    Curbox_x-=BSIZE;
                    Currentaction=MoveLeft;
                }
```

117

```
                break;
        case VK_RIGHT:
            if(MoveAble(Curbox_x,Curbox_y,current_box_numb,MoveRight))
            {
                EraseBox(Curbox_x,Curbox_y,current_box_numb);
                Curbox_x+=BSIZE;
                Currentaction=MoveRight;
            }
            break;
        case VK_DOWN:
          if(MoveAble(Curbox_x,Curbox_y,current_box_numb,MoveDown))
            {
                EraseBox(Curbox_x,Curbox_y,current_box_numb);
                Curbox_y+=BSIZE;
                Currentaction=MoveDown;
            }
            else
                flag_newbox=true;
            break;
        case VK_UP:
            if(MoveAble(Curbox_x,Curbox_y,shapes[current_box_numb].next,
            MoveRoll))
            {
                EraseBox(Curbox_x,Curbox_y,current_box_numb);
                current_box_numb=shapes[current_box_numb].next;
                Currentaction=MoveRoll;
            }
            break;
        case VK_ESC:
            GameOver=1;
            break;
        default:break;
    }
    if(Currentaction)        /* 如果当前有动作,移动或转动 */
    {
        show_box(Curbox_x,Curbox_y,current_box_numb,shapes[current_box_
        numb].color);
        Currentaction=0;
    }
    /* 按了向下键,但不能下移,就产生新的方块 */
    if(flag_newbox)
    {
        ErasePreBox(LeftWin_x,Sys_y+200,nextbox);
        nextbox=MkNextBox(nextbox);
        show_box(LeftWin_x,Curbox_y+200,nextbox,shapes[nextbox].color);
        if(!MoveAble(Curbox_x,Curbox_y,current_box_numb,MoveDown))
            /* 刚一开始,游戏结束 */
        {
            show_box(Curbox_x,Curbox_y,current_box_numb,shapes[current
```

```
                _box_numb].color);
                GameOver=1;
            }
            else
            {
                flag_newbox=false;
            }
            Currentaction=0;
        }
        else
        {
            if(Currentaction==MoveDown||TimerCounter>(20-speed*2))
            {
                if(MoveAble(Curbox_x,Curbox_y,current_box_numb,MoveDown))
                {
                    EraseBox(Curbox_x,Curbox_y,current_box_numb);
                    Curbox_y+=BSIZE;
                    show_box(Curbox_x,Curbox_y,current_box_numb,shapes
                    [current_box_numb].color);
                }
                TimerCounter=0;
            }
        }
        if(GameOver)
        {
            printf("Game over,thank you! \nYour score is %d\n",score);
            getch();
            break;
        }
    }
    getch();               /*暂停一下,看看前面绘图代码的运行结果*/
    KillTimer();
    closegr();             /*恢复文件屏幕模式*/
    return 0;
}
```

3. 初始化界面

玩家进行游戏时,需要对游戏界面进行初始化工作,并且由主函数进行调用。主要进行的工作如下:

(1) 循环调用 line()函数绘制当前的游戏板。

(2) 调用 ShowScore()函数显示初始的成绩。初始成绩为 0。

(3) 调用 ShowSpeed()函数显示初始的速度(等级)。初始速度为 1。

```
/********************************************************************/
    void initialize(int x,int y,int m,int n)
{
    int i,j,oldx;
```

119

```
    oldx=x;
    ...//这部分为绘制游戏底板的代码,可自行添加
    Curbox_x=x;
    Curbox_y=y;
    flag_newbox=false;
    speed=1;
    score=0;
    ShowScore(score);
    ShowSpeed(speed);
}
```

参数说明：x、y 为左上角坐标。m、n 对应于 Vertical_boxs 和 Horizontal_boxs,分别表示纵横方向上小方块的个数。

4. 时钟中断处理

随着玩家等级的提高,需要加快方块的下落速度,以增加游戏难度。速度越快,时间中断的间隔就越短。主要进行的工作如下：

(1) 定义新的时钟中断处理函数 void interrupt newtimer(void)。

(2) 使用 SetTimer()设置新的时钟中断处理过程。

(3) 定义中断恢复过程 KillTimer()。

```
void interrupt newtimer(void)
{
    (*oldtimer)();
    TimerCounter++;
}
/*设置中断处理程序*/
void SetTimer(void interrupt(*IntProc)(void))
{
    ...//处理时钟中断,请填充内容
}
void KillTimer()
{
    disable();
    setvect(TIMER,oldtimer);
    enable();
}
```

5. 成绩、速度及帮助的显示

成绩、速度及帮助的显示是此游戏开发的一部分。主要进行的工作如下：

(1) 调用 ShowScore()函数,显示当前用户的成绩。成绩是不断提高的。

(2) 调用 ShowSpeed()函数,显示当前游戏方块的下落速度。速度与等级成正比。

(3) 调用 Show_help()函数,提示用户如何进行游戏的相关操作。此函数只在初始部分被调用。

120

说明：这几个函数可以自己定义，显示的内容及位置可自行调整。

```
void ShowScore(int score)
{
    int x,y;
    char score_str[5];      /*保存游戏得分*/
    setfillstyle(SOLID_FILL,BgColor);
    x=LeftWin_x;
    y=100;
    bar(x-BSIZE,y,x+BSIZE*3,y+BSIZE*3);
    sprintf(score_str,"%3d",score);
    outtextxy(x,y,"SCORE");
    outtextxy(x,y+10,score_str);
}
void ShowSpeed(int speed)
{
    int x,y;
    char speed_str[5];
    setfillstyle(SOLID_FILL,BgColor);
    x=LeftWin_x;
    y=150;
    bar(x-BSIZE,y,x+BSIZE*3,y+BSIZE*3);    /*再画一个小方框,显示速度*/
    sprintf(speed_str,"%3d",speed);
    outtextxy(x,y,"Level");
    outtextxy(x,y+10,speed_str);                  /*在规定的位置输出字符串*/
    outtextxy(x,y+50,"Nextbox");
}
void show_help(int xs,int ys)
{
    ...//此处请自行补充,功能为在固定的位置显示帮助信息
}
```

6. 满行处理

在左移、右移、旋转和下落动作不能进行时，即当前游戏方块不满足相关操作条件时，需要对游戏主板进行是否有满行的判断，若有满行的情况，则必须进行消除满行的处理，如图 10.5 所示。当竖直的游戏方块下落在当前游戏板中，且不能再下移时，出现了两个行是满的，则必须进行满行处理。

满行处理包括两个动作：第一，找到满行；第二，处理此满行。

图 10.5　满行示意图

（1）调用 setFullRow()函数

① 调用 setFullRow()函数找到一满行，具体过程如下：对当前游戏方块落在的位置，从下到上逐行判断，若该行的小方块值为 1 的个数等于游戏主板行的大小时，则该行为满行，立即调用 DelFullRow()函数进行满行处理，并返回当前的游戏主板的非空行的最高点。否则，继续进行对上一行的判断，以便知道游戏方块的最上行。

② 若有满行，则根据 DelFullRow()函数处理后的游戏主板 Table_board 数组中的值进行游戏主板的重绘，即显示消除行后的游戏界面，并且对成绩和速度进行更新。

(2) 调用 DelFullRow()函数

调用 DelFullRow()函数处理此满行，主要执行的是将数据进行下移的操作。

```c
void setFullRow(int t_boardy)
{
    int n,full_numb=0,top=0;
    register m;
    for(n=t_boardy+3;n>=t_boardy;n--)
    {
        if(n<0||n>=Vertical_boxs)
            continue;                          /* 超过底线 */
        for(m=0;m<Horizontal_boxs;m++)         /* 水平方向 */
        {
            if(!Table_board[n+full_numb][m].var)
                break;                         /* 发现一个空就跳过该行 */
        }
        if(m==Horizontal_boxs)                 /* 如果找到满行则删除,并下移数据 */
        {
            ...//找到满行后的操作,请填充内容
        }
    }
    if(full_numb)
    {
        int oldx,x=Sys_x,y=BSIZE*top+Sys_y;
        oldx=x;
        score=score+full_numb*10;              /* 加分数 */
        /* 重显调色板 */
        ...//重新显示底板的操作,请填写内容
        ShowScore(score);
        if(speed!=score/speed_step)
        {
            speed=score/speed_step;
            ShowSpeed(speed);
        }
        else
            ShowSpeed(speed);
    }
}
int DelFullRow(int y)          /* 数据下移,即删除满行,y 表示具体哪一行满 */
{
    int n,top=0;
    register m,totoal;
    for(n=y;n>=0;n--)
    {
        totoal=0;
        for(m=0;m<Horizontal_boxs;m++)
        {
```

```
        if(!Table_board[n][m].var) totoal++;
                                      /*没占有方格,对计算器 totoal 加 1*/
            if(Table_board[n][m].var!=Table_board[n-1][m].var)
            {                             /*上行不等于下行,就把上行传给下行*/
                Table_board[n][m].var=Table_board[n-1][m].var;
                Table_board[n][m].color=Table_board[n-1][m].color;
            }
        }
        if(totoal==Horizontal_boxs)       /*发现上面有连续的空行,提前结束*/
        {
            top=n;
            break;
        }
    }
    return top;                           /*返回最高点*/
}
```

7. 游戏方块的显示和清除

游戏方块的显示和清除是游戏中经常出现的操作。主要进行的过程如下:

(1) 调用 show_box(int x,int y,int box_numb,int color)函数,在(x,y)位置开始,用指定颜色 color 显示编号为 box_numb 的游戏方块。

(2) 调用 EraseBox(int x,int y,int box_numb)函数,清除在(x,y)位置开始的方块编号为 box_numb 的游戏方块。

```
/*显示指定的游戏方块*/
void show_box(int x,int y,int box_numb,int color)
{
    int i,ii,ls_x=x;
    if(box_numb<0||box_numb>=MAX_BOX)    /*如果指定的方块不存在*/
        box_numb=MAX_BOX/2;
    setfillstyle(SOLID_FILL,color);
    /*移位来判断哪一位是 1,游戏方块是每一行用半个字节来表示*/
    for(ii=0;ii<2;ii++)
    {
        int mask=128;
        for(i=0;i<8;i++)
        {
            if(i%4==0&&i!=0)              /*表示转到游戏方块的下一行了*/
            {
                y+=BSIZE;
                x=ls_x;
            }
            if(shapes[box_numb].box[ii]&mask)
            {
                bar(x,y,x+BSIZE,y+BSIZE);
                line(x,y,x+BSIZE,y);
                line(x,y,x,y+BSIZE);
```

123

```
            line(x,y+BSIZE,x+BSIZE,y+BSIZE);
            line(x+BSIZE,y,x+BSIZE,y+BSIZE);
        }
        x+=BSIZE;
        mask/=2;
    }
    y+=BSIZE;
    x=ls_x;
    }
}
/*清除 x、y 位置开始的编号为 box_numb 的 box*/
void EraseBox(int x,int y,int box_numb)
{
    ...//插入函数体代码,注意方块的位置
}
void ErasePreBox(int x,int y,int box_numb)
{
    int mask=128,t_boardx,t_boardy,n,m;
    setfillstyle(SOLID_FILL,BgColor);
    for(n=0;n<4;n++)
    {
        for(m=0;m<4;m++)
        {
            if((shapes[box_numb].box[n/2])&mask)
                bar(x+m*BSIZE,y+n*BSIZE,x+m*BSIZE+BSIZE,y+n*BSIZE+BSIZE);
            mask=mask/2;
            if(mask==0)  mask=128;
        }
    }
}
```

8．游戏方块操作的判断处理

游戏方块操作的判断处理主要执行对当前操作(左移、右移、下移或自由下落、旋转)进行条件判断,若满足相关条件,则返回 true,即允许执行此操作。此判断由 MoveAble(int x,int y,int box_numb,int direction)函数来实现,其中(x,y)为当前游戏方块的位置,box_numb 为游戏方块号,direction 为左移、右移、下移或者自由下落、旋转的标志。对这些动作判断的实现基本相同。因此,下面只以左移操作的判断为例讲述其实现过程。

(1)计算出游戏方块左移一个方块后的新的相对坐标(t_boardx,t_boardy),并初始化 mask＝128(10000000)。mask 用来对当前游戏方块的 box 值进行按位与操作,逐位判断 box 的值,box 在结构体中定义为 int box[2],即有两个元素的数组。如 box[0]＝"0x88"、box[1]＝"0xc0",表示的是 box[0]＝"10001000"、box[1]＝"11000000",若 box[0]&mask＝1,则表示 box[0]的最高位是 1,在游戏方块中表示此位置不为空。

(2)逐行逐列进行判断,共 4 行 4 列,即游戏方块的大小。对每个小方块(共 16 个)依次进行判断,若小方块的值是 1,左移一位后其横坐标没有超过游戏主板的最左边(Sys_x),并且在此位置游戏主板的值 Table_board[t_boardy＋n][t_boardx＋m].var 为 0,即表示

是空的,则可以执行左移操作。任意小方块不满足上述条件,都不能执行左移操作。

```c
/*游戏方块操作的判断处理*/
int MoveAble(int x,int y,int box_numb,int direction)
{
    int n,m,t_boardx,t_boardy;
    int mask;
    if(direction==MoveLeft)    /*如果左移*/
    {
        mask=128;
        x-=BSIZE;
        t_boardx=(x-Sys_x)/BSIZE;
        t_boardy=(y-Sys_y)/BSIZE;
        for(n=0;n<4;n++)
        {
            for(m=0;m<4;m++)
            {
                if((shapes[box_numb].box[n/2])&mask)
                                /*因为box只有box0和box1两个元素,所以除2*/
                {
                    if((x+BSIZE*m)<Sys_x) return false;    /*碰到最左边*/
                    else if(Table_board[t_boardy+n][t_boardx+m].var)
                    {
                        return false;
                                /*左移一个方块位置以后,此方块与游戏板有冲突*/
                    }
                }
                mask=mask/2;
                if(mask==0) mask=128;
            }
        }
        return true;
    }
    else if(direction==MoveRight)
    {
        ...//补充右移操作
    }
    else if(direction==MoveDown)
    {
        ...//补充下移操作
    }
    else if(direction=MoveRoll)
    {
        ...//补充旋转操作
    }
    else return false;
}
```

125

10.4.2 运行结果

1. 游戏初始状态

当用户刚进入游戏时,如图 10.6 所示。此时分数初始化为 6,等级默认为 1。游戏当前设置为成绩每增加 30 分等级就升一级,升级后游戏方块在原来基础上下落速度有所加快,这主要是变化了定时器时间间隔的缘故。用户可使用键盘左移键、右移键、上移键和下移键,分别进行左移、右移、旋转和加速下落操作。用户可按 Esc 键退出游戏。

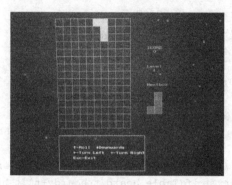

图 10.6 游戏初始状态

2. 游戏进行状态

图 10.7 为游戏等级升了一级后的状态,级别越高,游戏方块下落速度越快。

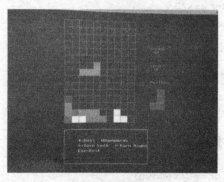

图 10.7 游戏进行状态

10.5 拓展功能要求

在开发过程中,大家可以根据自己的能力对本系统进行拓展,可进行的拓展功能包括:

（1）方块颜色的设置，每一小格设置一种颜色。

（2）增加用户信息的注册和登录，并设置每个玩家的纪录。

（3）每次打开游戏，显示本游戏的最高纪录。

（4）当有玩家打破最高纪录时，提醒是否保存该纪录。

（5）其他界面的美化功能。

（6）其他可以实现的强化功能。

10.6　小　　结

　　本章介绍了俄罗斯方块游戏的设计思想及其编程实现。重点介绍了各功能模块的设计原理和数据结构的实现。旨在引导读者熟悉 C 语言图形模式下的编程，了解系统的时间中断及数据结构等知识。

　　许多问题往往都不是只有一种解决方法，本游戏的开发也是如此。有兴趣的读者可以对此程序进行优化和功能完善，或者使用不同方法来实现某些功能，以达到学以致用的目的。

附录1 规范的 C 语言编程

一、基本要求

1. 常规要求

(1) 程序结构清晰,简洁易懂,单个函数的程序行数尽量不超过 100 行。

(2) 打算干什么,要直截了当,代码精简,避免垃圾程序。

(3) 不要随意定义全局变量,尽量少用局部变量。

(4) 使用括号以避免二义性。

2. 可读性要求

(1) 可读性第一,效率第二。

(2) 保持注释与代码的完全一致。

(3) 每个源程序文件都有文件头说明。

(4) 每个函数都有函数头说明。

(5) 主要变量(结构、联合、类或对象)定义或引用时,注释能反映其含义。

(6) 常量定义(DEFINE)有相应说明。

(7) 处理过程的每个阶段都有相关的注释说明。

(8) 在典型算法前都有注释。

(9) 利用缩进来显示程序的逻辑结构,缩进量要一致,并以 Tab 键为单位。

(10) 循环、分支层次不要超过 5 层。

(11) 注释可以与语句在同一行,也可以在上行。

(12) 空行和空缺字符也是一种特殊注释。

(13) 一目了然的语句不加注释。

(14) 注释的作用范围为:定义、引用、前提分支以及一段代码。

(15) 注释行数(不包括程序头和函数头说明部分)应占总行数的 1/5 到 1/3。

3. 结构化要求

(1) 禁止两条等价的支路。

(2) 禁止 GOTO 语句。

(3) 用 IF 语句来夸大只执行两组语句中的一组。禁止 ELSE GOTO 和 ELSE RETURN。

（4）用 CASE 实现多路分支。

（5）避免从轮回引出多个出口。

（6）函数只有一个出口。

（7）避免不必要的分支。

4. 准确性与容错性要求

（1）程序首先是准确，其次是格式美观。

（2）无法保证你的程序一定没有错误，因此在编写完一段程序后，应先回头检查。

（3）改一个错误时可能产生新的错误，因此在修改前应首先考虑对其他程序的影响。

（4）所有变量在调用前必须被初始化。

（5）对所有的用户输入必须进行正当性检查。

（6）不要比较浮点数是否相等，如 $10.0 * 0.1 = = 1.0$，因为结果并不可靠。

（7）程序与环境或状态发生关系时，必须主动去处理发生的意外事件，如文件能否逻辑锁定、打印机是否联机等。

（8）单元测试也是编程的一部分，提交联调测试的程序必须通过单元测试。

5. 可重用性要求

（1）重复使用并完成相对独立功能的算法或代码，应该用函数编写。

（2）公共控件或类应考虑采用 OO（Object Oriented，面向对象）方法，减少与外界的联系，多考虑程序的独立性或封装性。

二、详细要求

1. 排版

（1）程序块要采用缩进风格编写。

① 缩进的空格数为一个 Tab 键。

② 函数的开始、结构的定义及循环、判定等语句中的代码都要采用缩进风格。case 语句下的情况处理语句也要遵循语句缩进的要求。

示例：

```
int delch(char str[ ],char c)
{
    int i,j;
    for (i=j=0; str[i] !='\0' i++)
    {
        if (str[i] !=c)
        str[j++]=str[i];
    }
    str[j]='\0'
}
```

③ 在函数体的开始、类的定义、结构的定义、枚举的定义以及 if、for、do、while、switch、case 语句中的程序都要采用如上的缩进方式。

（2）大括号｛和｝的使用。

① 程序块的分界符（如 C/C++ 语言的大括号｛和｝）应各独占一行并且尽量位于同一列，同时与引用它们的语句左对齐。

示例：如下例子不符合规范。

```
for(...)
{
    ... /* program code */
    }
if(...)
{
    ... /* program code */
    }
void example_fun(void)
{
    ... /* program code */
    }
```

应书写如下：

```
for(...)
{
    ... /* program code */
}
if(...)
{
    ... /* program code */
}
void example_fun(void)
{
    ... /* program code */
}
```

② if、for、do、while、case、switch、default 等语句自占一行，且 if、for、do、while 等语句的执行语句不管有多少，都要加大括号｛｝。

示例：如下例子不符合规范。

```
if(pUserCR==NULL) return;
```

应书写如下：

```
if(pUserCR==NULL)
{
    return;
}
```

130

(3) 较长语句与表达式的书写处理方法。

① 较长的语句(大于 80 个字符)要分成多行书写,长表达式要在低优先级操纵符处划分新行,操纵符放在新行之首。划分出的新行要进行适当的缩进,使排版整洁齐,语句可读。

示例:

```
report_or_not_flag=((taskno<MAX_ACT_TASK_NUMBER)
                 && (n7stat_stat_item_valid (stat_item))
                 && (act_task_table[taskno].result_data !=0));
```

② 循环、判定等语句中若有较长的表达式或语句,则要进行适当的划分,长表达式要在低优先级操纵符处划分新行,操纵符放在新行之首。

示例:

```
for(i=0,j=0;
    (i<first_word_length) && (j<second_word_length);
    i++,j++)
{
    ... //program code
}
```

③ 若函数或过程中的参数较长,则要进行适当的划分。

建议:一行程序以小于 80 字符为宜,不要写得过长。

(4) 不应把多个短语句写在一行中,即一行只写一条语句。

示例:如下例子不符合规范。

```
length=0; width=0;
```

应书写如下:

```
length=0;
width=0;
```

(5) 相对独立的程序块之间、变量说明之后必须加空行。

示例:如下例子不符合规范。

```
if(!valid_ni(ni))
{
    ... //program code
}
repssn_ind=ssn_data[index].repssn_index;
repssn_ni=ssn_data[index].ni;
```

提示:规范的代码是在"}"后加一个空行。

2. 注释

(1) 注释应与其描述的代码相近,对代码的注释应放在其上方或右方(对单条语句的注释)相邻位置,不可放在下面。

（2）将注释与其上面的代码用空行隔开。

示例：如下例子显得代码过于紧凑。

```
/* code one comments */
program code one
/* code two comments */
program code two
```

应书写如下：

```
/* code one comments */
program code one

/* code two comments */
program code two
```

（3）注释要与所描述内容进行同样的缩排。

说明：可使程序排版整洁，并利于注释的阅读与理解。

示例：如下例子排版不整齐，阅读稍感不便利。

```
void example_fun(void)
{
/* code one comments */
    CodeBlock One

    /* code two comments */
CodeBlock Two
}
```

应改为如下布局。

```
void example_fun(void)
{
    /* code one comments */
    CodeBlock One

    /* code two comments */
    CodeBlock Two
}
```

3. 标识符命名

（1）标识符的命名应清楚、明了，有明确含义。

说明：较短的单词可通过去掉"元音"形成缩写；较长的单词可取单词的头几个字母形成缩写；一些单词有大家公认的缩写。

示例：如下单词的缩写能够被大家基本认可。

temp 可缩写为 tmp。

flag 可缩写为 flg。

statistic 可缩写为 stat。

increment 可缩写为 inc。

message 可缩写为 msg。

(2) 命名中若有特殊要求或使用特定缩写,则要有注释说明。

说明:应该在源文件的开始之处对文件中所使用的缩写,进行必要的注释说明。

(3) 对于变量命名,尽量不选用单个字符(如 i、j、k、…)。建议除了要有详细含义外,还能表明其变量类型、数据类型等,但 i、j、k 作局部循环变量是可以的。

说明:变量,尤其是局部变量,假如用单个字符表示,很容易输入错(如 i 写成 j),而编译时又检查不出来,有可能为了这个小小的错误而花费大量的查错时间。

示例:下面所示的局部变量名的定义方法可以借鉴。

```
int liv_Width
```

其变量名解释如下:

- l 指局部变量(Local)(g 可表示全局变量(Global)…)。
- i 指数据类型(Interger)。
- v 指变量(Variable)(c 可表示常量(Const)…)。
- Width 是变量的含义。

这样可以防止局部变量与全局变量重名。

4. 可读性

(1) 留意运算符的优先级,并用括号明确表达式的操纵顺序,避免使用默认优先级。

说明:要防止阅读程序时产生曲解,也要防止因默认的优先级与设计思维不符而导致程序犯错。

示例:下列语句中的表达式。

```
word= (high<<8)|low      ①
if((a|b) && (a & c))     ②
if((a|b)<(c & d))        ③
```

假如书写为:

```
high<<8|low
a|b && a & c
a|b<c & d
```

因为:

```
high<<8|low= (high<<8)|low,
a|b && a & c= (a|b) && (a & c),
```

所以①②行的语句不会犯错,但语句不易理解。

又因为 a|b<c & d=a|(b<c) & d,所以语句③造成了判定前提犯错。

(2) 避免使用不易理解的数字,尽量用有意义的标识来替换。涉及物理状态或者含

133

有物理意义的常量,不应直接使用数字,必须用有意义的枚举或宏来代替。

示例:如下的程序可读性差。

```
if (Trunk[index].trunk_state==0)
{
    Trunk[index].trunk_state=1;
    ... //program code
}
```

应改为如下形式。

```
#define TRUNK_IDLE  0
#define TRUNK_BUSY  1
if (Trunk[index].trunk_state==TRUNK_IDLE)
{
    Trunk[index].trunk_state=TRUNK_BUSY;
    ... //program code
}
```

建议:不要使用难懂且技巧性很高的语句,除非很有必要时。

说明:高技巧语句不一定是高效率的程序,实际上程序的效率关键在于算法。

示例:如下表达式考虑不周就可能出错,也较难理解。

```
* stat_poi+++=1;
* ++stat_poi+=1;
```

应分别改为如下代码。

```
* stat_poi+=1;
stat_poi++;              //此两条语句功能相当于"* stat_poi+++=1;"
++stat_poi;
* stat_poi+=1;          //此两条语句功能相当于"* ++stat_poi+=1;"
```

5. 函数、过程

建议 1:一个函数仅完成一件功能。

建议 2:为简单功能编写函数。

说明:表面看起来为仅用一两行代码就可完成的功能去编函数好像没有必要,但用函数可使程序的功能明确,并增加了程序的可读性,也便于维护、测试。

示例:如下语句的功能不是很明了。

```
value= (a>b) ? a:b;
```

改为如下代码就很清楚了。

```
int max(int a,int b)
{
    return((a>b) ? a:b);
}
value=max(a,b);
```

或改为如下代码。

```
#define MAX(a,b)(((a)>(b)) ? (a):(b))
value=MAX(a,b);
```

建议 3：不要企图设计多用途、面面俱到的函数。

说明：多功能集于一身的函数，很可能使函数的理解、测试、维护等变得困难。

建议 4：函数名应正确描述函数的功能。使用动宾词组为执行某操作的函数命名。例如用面向对象的编程方法，可以只有动词（名词是对象本身）。

示例：参照如下方式命名函数。

```
void print_record(unsigned int rec_ind);
int input_record(void);
unsigned char get_current_color(void);
```

建议 5：函数的返回值要清晰、明了，让使用者不轻易忽视错误的情况。

说明：函数的每种犯错返回值的意义要清楚、明了、正确，防止使用者误用、理解错误或忽视错误的返回码。

附录 2　C 语言编译环境中的常见错误提示

一、警告类错误

- 'XXX'declare but never used　变量 XXX 已定义但从未用过。
- 'XXX'is assigned a value which is never used　变量 XXX 已赋值但从未用过。
- Code has no effect　程序中含有无实际作用的代码。
- Non-portable pointer conversion　不适当的指针转换，可能是在应该使用指针的地方用了一个非 0 的数值。
- Possible use of 'XXX'before definition　表达式中使用了未赋值的变量。
- Redeclaration of 'main'　一个程序文件中的主函数 main 不止一个。
- Suspicious pointer conversion　可疑的指针转换。通常是使用了基本类型不匹配的指针。
- Unreachable code　程序含有不能执行到的代码。

二、错误或致命错误

- Compound statement missing } in function main　程序结尾缺少"}"。
- "}"expected；"("expected 等　复合语句或数组初始化的结尾缺少"}""("。
- Case outside of switch case　不属于 switch 结构，多由于 switch 结构中的花括号不配对所致。
- Case statement missing ':'　switch 结构中的某条 case 语句之后缺少冒号。
- Constant expression required　定义数组时指定的数组长度不是常量表达式。
- Declaration syntax error　结构体或联合类型的定义后缺少分号。
- Declaration was expected　缺少说明，通常是因为缺少分界符如逗号、分号、右圆括号等所引起的。
- Default outside switch　Default 部分放到了 switch 结构之外，一般是因为花括号不匹配而引起的。
- do statement must have while　do 语句中缺少相应的 while 部分。
- Expression syntax　表达式语法错。如表达式中含有两个连续的运算符。
- Extra parameter in call 'fun'　调用函数 fun 时给出了多余的实参。

- Function should return a value　函数应该返回一个值,否则与定义时的说明类型不匹配。
- Illegal use of pointer　指针被非法引用,一般是使用了非法的指针运算。
- Invalid pointer addition　指针相加非法。一个指针(地址)可以和一个整数相加,但两个指针不能相加。
- Lvalue required　赋值运算的左边是不能寻址的表达式。
- Misplaced else　程序遇到了没有配对的 else。
- No matching　表达式中的括号不配对。
- Pointer required on left side of ->　在"->"运算的左边只能允许一个指针而不能是一个一般的结构体变量或联合类型的变量。
- Statement missing;　程序遇到了后面没有分号的语句。
- Too few parameters in call　调用某个函数时实参数目不够。
- Unable to open include file 'XXXXXXXX.XXX'　头文件找不到。
- Unexpected }或{　在不希望的地方使用了"}"或"{"。
- Undefined symbol 'X' in function fun　函数 fun 中的变量 X 没有定义。

三、连接中的常见错误

连接中的主要错误类似于"undefined symbol _print in modula xxx"(print 没有定义),通常是函数名书写错误引起的。

四、运行中的常见错误

- Abnormal program termination　程序异常终止。通常是由于内存使用不当所致。
- Floating point error:Domain 或 Divide by 0　运算结果不是一个数或被 0 除。
- Null pointer assignment　对未初始化的指针赋值,程序有严重错误。
- User break　在运行程序时终止。
- Ambiguous operators need parentheses　不明确的运算需要用括号括起。
- Ambiguous symbol 'xxx'　不明确的符号。
- Argument list syntax error　参数表语法错误。
- Array bounds missing] in function main　缺少数组界限符"]"。
- Array bounds missing　丢失数组界限符。
- Array size too large　数组尺寸太大。
- Bad character in parameters　参数中有不适当的字符。
- Bad file name format in include directive　包含命令中文件名格式不正确。
- Bad ifdef directive syntax　编译预处理 ifdef 有语法错误。
- Bad undef directive syntax　编译预处理 undef 有语法错误。

- Bit field too large 位字段太长。
- Call of non-function 调用未定义的函数。
- Call to function with no prototype 调用函数时没有函数的说明。
- Cannot modify a const object 不允许修改常量对象。
- Case outside of switch 漏掉了 case 语句。
- Case syntax error Case 语法错误。
- Code has no effect 代码没有执行到。
- Compound statement missing{ 分程序漏掉"{"。
- Conflicting type modifiers 不明确的类型说明符。
- Constant expression required 要求常量表达式。
- Constant out of range in comparison 在比较中常量超出了范围。
- Conversion may lose significant digits 转换时会丢失有意义的数字。
- Conversion of near pointer not allowed 不允许转换近指针。
- Could not find file 'xxx' 找不到 xxx 文件。
- Declaration missing; 说明缺少";"。
- Declaration syntax error 说明中出现语法错误。
- Default outside of switch Default 出现在 switch 语句之外。
- Define directive needs an identifier 定义编译预处理需要标识符。
- Division by zero 用零作除数。
- Do statement must have while Do-while 语句中缺少 while 部分。
- Enum syntax error 枚举类型语法错误。
- Enumeration constant syntax error 枚举常数语法错误。
- Error directive:xxx 错误的编译预处理命令。
- Error writing output file 输出文件时出现错误。
- Expression syntax error 表达式语法错误。
- Extra parameter in call 调用时出现多余错误。
- File name too long 文件名太长。
- Function call missing) 函数调用缺少")"。
- Fuction definition out of place 函数定义位置错误。
- Fuction should return a value 函数必需返回一个值。
- Goto statement missing label Goto 语句没有标号。
- Hexadecimal or octal constant too large 十六进制或八进制常数太大。
- Illegal character 'x' 非法字符 x。
- Illegal initialization 非法的初始化。
- Illegal octal digit 非法的八进制数字。
- Illegal pointer subtraction 非法的指针相减。
- Illegal structure operation 非法的结构体操作。
- Illegal use of floating point 非法的浮点运算。

- Illegal use of pointer　指针使用非法。
- Improper use of a typedefsymbol　类型定义符号使用不恰当。
- In-line assembly not allowed　不允许使用行间汇编。
- Incompatible storage class　存储类别不相容。
- Incompatible type conversion　不相容的类型转换。
- Incorrect number format　错误的数据格式。
- Incorrect use of default　使用不当的默认方式。
- Invalid indirection　无效的间接运算。
- Invalid pointer addition　指针相加无效。
- Irreducible expression tree　无法执行的表达式运算。
- Lvalue required　需要逻辑值 0 或非 0 值。
- Macro argument syntax error　宏参数语法错误。
- Macro expansion too long　宏的扩展以后太长。
- Mismatched number of parameters in definition　定义中的参数个数不匹配。
- Misplaced break　此处不应出现 break 语句。
- Misplaced continue　此处不应出现 continue 语句。
- Misplaced decimal point　此处不应出现小数点。
- Misplaced elif directive　不应编译预处理 elif。
- Misplaced else　此处不应出现 else。
- Misplaced else directive　此处不应出现编译预处理 else。
- Misplaced endif directive　此处不应出现编译预处理 endif。
- Must be addressable　必须是可以编址的。
- Must take address of memory location　必须存储定位的地址。
- No declaration for function 'xxx'　没有函数 xxx 的说明。
- No stack　缺少堆栈。
- No type information　没有类型信息。
- Non-portable pointer assignment　不可移动的指针(地址常数)赋值。
- Non-portable pointer comparison　不可移动的指针(地址常数)比较。
- Non-portable pointer conversion　不可移动的指针(地址常数)转换。
- Not a valid expression format type　不合法的表达式格式。
- Not an allowed type　不允许使用的类型。
- Numeric constant too large　数值常数太大。
- Out of memory　内存不够用。
- Parameter 'xxx' is never used　参数 xxx 没有用到。
- Pointer required on left side of ->　符号"->"的左边必须是指针。
- Possible use of 'xxx' before definition　在定义之前就使用了 xxx(警告)。
- Possibly incorrect assignment　赋值可能不正确。
- Redeclaration of 'xxx'　重复定义了 xxx。

- Redefinition of 'xxx' is not identical　xxx 的两次定义不一致。
- Register allocation failure　寄存器定址失败。
- Repeat count needs a value　重复计数需要逻辑值。
- Size of structure or array not known　结构体或数给大小不确定。
- Statement missing；　语句后缺少";"。
- Structure or union syntax error　结构体或联合体语法错误。
- Structure size too large　结构体尺寸太大。
- Sub scripting missing]　下标缺少"]"。
- Superfluous & with function or array　函数或数组中有多余的"&"。
- Suspicious pointer conversion　可疑的指针转换。
- Symbol limit exceeded　符号超限。
- Too few parameters in call　函数调用时的实参少于函数的参数。
- Too many default cases　default 语句太多(switch 语句中只用一个)。
- Too many error or warning messages　语句错误或警告信息太多。
- Too many type in declaration　说明中类型太多。
- Too much auto memory in function　函数用到的自动存储太多。
- Too much global data defined in file　文件中全局数据太多。
- Two consecutive dots　两个连续的句点。
- Type mismatch in parameter xxx　参数 xxx 的类型不匹配。
- Type mismatch in redeclaration of 'xxx'　xxx 重定义的类型不匹配。
- Unable to create output file 'xxx'　无法建立输出文件 xxx。
- Unable to open include file 'xxx'　无法打开被包含的文件 xxx。
- Unable to open input file 'xxx'　无法打开输入文件 xxx。
- Undefined label 'xxx'　没有定义的标号 xxx。
- Undefined structure 'xxx'　没有定义的结构 xxx。
- Undefined symbol 'xxx'　没有定义的符号 xxx。
- Unexpected end of file in comment started on line 'xxx'　从 xxx 行开始的注解尚未结束,文件不能结束。
- Unexpected end of file in conditional started on line 'xxx'　从 xxx 开始的条件语句尚未结束,文件不能结束。
- Unknown assemble instruction　未知的汇编结构。
- Unknown option　未知的选项。
- Unknown preprocessor directive 'xxx'　不认识的预处理命令 xxx。
- Unreachable code　无法实现的代码。
- Unterminated string or character constant　字符串缺少引号。
- User break　用户强行中断了程序。
- Void functions may not return a value　Void 类型的函数不应有返回值。
- Wrong number of arguments　调用函数的参数数目错误。

- 'xxx' not an argument　xxx 不是参数。
- 'xxx' not part of structure　xxx 不是结构体的一部分。
- 'xxx' statement missing (　xxx 语句缺少左括号。
- 'xxx' statement missing)　xxx 语句缺少右括号。
- 'xxx' statement missing ;　xxx 缺少分号。
- 'xxx' declared but never used　说明了 xxx 但没有使用。
- 'xxx' is assigned a value which is never used　给 xxx 赋了值但未用过。
- Zero length structure　结构体的长度为零。

注意

(1) 不同编译环境的功能或提示可能有差异。

(2) 部分说明为"经验性"的,仅供参考。

附录 3 课程考核方案

1. 项目考核方案

(1) 第一阶段(见附表 3-1～附表 3-3)。

附表 3-1 第一阶段"软件作品"考核规范

项目 1 学生通讯录的设计与实现			
数据结构	标准功能	拓展功能	考核权重
顺序线性结构	添加记录	进行有效性检查	(1) 基本功能在软件作品成果中的权重为 0.7(标准功能缺少一项,权重减少 0.1) (2) 拓展功能在软件作品成果中的权重为 0.3(每增加一个拓展功能,在原有权重的基础上权重增加 0.1) 举例:一个学生实现了标准功能中的三个(共五个),但增加了一个拓展功能。那么该生软件作品考核权重为 0.6
	显示记录	按关键字排序	
	按某一关键字查询记录	按任意属性查询、修改、删除记录	
	按某一关键字修改记录		
	按某一关键字删除记录		

附表 3-2 第一阶段"开发报告"考核规范

报 告 内 容	评 价 标 准
案例描述	对各个功能模块做出正确的描述
界面截图	界面友好、截图清晰
模块化设计方案	函数定义合理,主函数调用流程图正确
算法设计	画出每一个算法流程图且合理

附表 3-3 第一阶段成果考核评分表

小组	姓名	开发报告 (A1+A2+A3+A4)				软件作品 (B1+B2+B3+B4)×权重					答辩	得分
		A1	A2	A3	A4	B1	B2	B3	B4	权重	10/—	30
		2	2	6	5	3	5	3	4	1		
1	×××											0
	×××											0
	×××											0

学生通讯录的设计与实现评分表

说明：其中 A、B 为软件作品和开发报告的评分细节。

（2）第二阶段（见附表 3-4 和附表 3-5）。

第二阶段完成"家庭财务管理的设计与实现"，主要训练学生结构化项目的分析、设计、流程规划能力及链表作为主要数据结构的算法实现能力。

附表 3-4　第二阶段"软件作品"考核规范

项目 2　家庭财务管理的设计与实现

数据结构	标准功能	拓展功能	考核权重
链式线性结构	添加记录（含有效性检测）	能连续添加多条记录	（1）基本功能在软件作品成果中的权重为 0.6（标准功能缺少一项，权重减少 0.1） （2）拓展功能在软件作品成果中的权重为 0.4（每增加一个拓展功能，在原有权重的基础上权重增加 0.1）
	显示记录（排序）	按收支类别转换、分页显示	
	查询记录（按任意属性查询记录）	采用二级菜单管理多属性查询	
	统计系统内所有支出、收入	根据日期进行选择性统计	
	统计系统内总月数		

附表 3-5　第二阶段"开发报告"考核规范

报告内容	评价标准
案例描述	对各个功能模块做出正确、详细的描述；语言清晰、流畅，描述规范、专业
界面截图	界面友好、截图清晰；所有截图整齐、规范
模块化设计方案	函数定义合理，主函数调用流程图正确；函数设计符合优化原则，参数运用得当
算法设计	画出每一个算法流程图，且合理；算法要进行优化

第二阶段成果考核评分表同第一阶段（略）。

（3）第三阶段（见附表 3-6 和附表 3-7）。

第三阶段完成"图形动画输出——时钟的实现"，主要训练学生基于 16 位机的图形绘制、输出、图形与字符文本模式转换能力及通过 DOS 调用驱动鼠标、键盘的能力。

附表 3-6　第三阶段"软件作品"考核规范

报告内容	评价标准
案例描述	对各个功能模块做出正确、详细的描述；语言清晰、流畅，描述规范、专业
界面截图	界面友好、截图清晰；所有截图整齐、规范
模块化设计方案	函数定义合理，主函数调用流程图正确；函数设计符合优化原则，参数运用得当
算法设计	画出每一个算法流程图，且合理；算法要进行优化

附表 3-7　第三阶段"开发报告"考核规范

项目 3　时钟设计

数据结构	标准功能	拓展功能	考核权重
矩阵使用	图形驱动器初始化	不同机型的图形初始化	（1）基本功能在软件作品成果中的权重为 0.5（标准功能缺少一项，权重减少 0.2） （2）拓展功能在软件作品成果中的权重为 0.6（每增加一个拓展功能，在原有权重的基础上权重增加 0.2）
	画出基本时钟图形	色彩运用合理，有创意，例如在时钟背景中增加动画意象	
	时针、分针、秒针根据系统时间进行转动	在图形界面进行字符、日期、周几的提示	

第三阶段成果考核评分表同第一阶段（略）。

2. 答辩考核方案

答辩部分自愿申请，在每个阶段结束后的一周内，以"开发小组"为单位向任课教师提交答辩申请，每次申请组数不超过总组数的 1/3。如果"组数"超过 1/3，以申请时间为准进行资格审查，且三个阶段内每组答辩资格只有一次。

答辩组教师分为两个组，每组 2～3 位教师。每阶段的答辩根据申请组数由课程负责人统一安排时间。答辩的满分为 10 分，答辩教师原则为两个，各位教师分别打分，平均分即为最终答辩成绩。

1）答辩流程及评分标准

（1）答辩时间见附表 3-8。

附表 3-8　答辩时间

内　　容	周　　数
学生通讯录的设计与实现	第九周
家庭财务管理的设计与实现	第十三周
时钟图形的设计与实现	第十六周
停车场收费管理系统的设计与实现	自愿申请
视频管理系统的设计与实现	自愿申请
俄罗斯方块的设计与实现	自愿申请
备注	各组请提前一周申请

（2）答辩组织。每个"答辩周"根据申请组数，由课程负责人统一安排时间。

（3）答辩环节。

① 学生介绍各自的分工。

② 演示软件的各项基本功能。

③ 介绍本软件最具创新的部分。

④ 教师提问（针对每位同学，不仅是组长本人）。

⑤ 学生答辩。

⑥ 各位参与答辩的教师可以根据情况进行其他环节补充或者删减。

(4) 答辩成绩(10 分)。

① 功能演示并讲解(3 分)。

要求：表述清晰、流畅,讲解详细。

② 成员问题回答(6 分)。

要求：每个成员 2 分。

③ 综合(1 分)。

要求：根据各种现场临时情况,做出合理、快速反应。

2) 答辩评分表(见附表 3-9)

附表 3-9　答辩评分表

答辩成绩单

小组	签　名		教师 1 打分	教师 2 打分
	学号	姓名		
1				

3) 成绩总评

课程总评由阶段总成绩、答辩两部分成绩构成；其中三个阶段满分为 90 分,答辩满分为 10 分；答辩部分为自愿申请,不答辩者成绩最多为良好。

总评成绩比例：

期末成绩(100％)＝阶段 1(30％)＋阶段 2(30％)＋阶段 3(30％)＋答辩成绩(10％)

成绩总评表见附表 3-10。

附表 3-10　成绩总评表(样表)

"程序设计综合课程设计"评分表
总成绩＝项目 1(30％)＋项目 2(30％)＋项目 3(30％)＋答辩成绩(10％)

小组	姓　名	项目 1 组长	项目 1	项目 2 组长	项目 2	项目 3 组长	项目 3	答辩	总分
1	高瑞雪	刘亚捷		高瑞雪		郁益斌			
	刘亚捷								
	郁益斌								

3. 项目评分标准

每个阶段项目结题后,学生提交的阶段成果包括"软件作品"和"开发报告"两部分,以下是这两部分的评分标准。

1) 项目评分

项目总分＝开发报告(15 分)＋软件作品(15 分)

2）开发报告评分细则（15 分）

（1）案例描述（2 分）（A1）。

要求：对各个功能模块做出详细的描述。

（2）界面截图（2 分）（A2）。

要求：界面友好，操作简易。

（3）模块化设计方案（6 分）（A3）。

① 主要函数（2 分）。

要求：函数定义合理，符合优化原则。

② 主函数调用流程图（4 分）。

要求：流程图规范、合理、正确。

（4）算法设计（5 分）（A4）。

每一个算法流程图（2 分）。

要求：规范、合理、正确、算法优化，超过三个都按 5 分计。

3）软件作品评分细则（15 分）

（1）界面（3 分）（B1）。

要求：界面友好，操作简易，体现个性。

（2）代码规范（5 分）（B2）。

要求：变量、函数名等标识符命名符合规则；程序块要采用缩进风格编写；注释明确，代码易维护。

（3）算法设计（3 分）（B3）。

要求：简易算法合理设计并正确实现，部分算法较传统方法有一定的优化。

（4）可执行程序（4 分）（B4）。

要求：正确运行；基本功能均能实现，"边界值"测试无误。

附录 4 "程序设计综合课程设计" 课程设计报告模板

×××× (学校名称)
计算机学院

课
程
设
计
报
告

项目名称：

项目组长：

项目成员：

班级名称：

专业名称：

完成时间：

计算机学院制

1. 案例描述（小四号字体，段前段后0.5行）

（1）总体描述

在国际象棋棋盘上搜索马从一格不重复地跳遍所有格的路径，速度调整可在任意时间进行。（正文5号宋体，单倍行距）

（2）模块描述

① 菜单设计：（至少100字）

② 添加模块：（至少100字）

……

2. 界面设计

设计的最终界面如附图4-1所示。

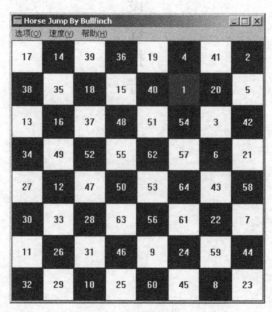

附图4-1 最终界面

各个菜单作用如下。

- 选项：可以决定是否启用演示回溯的功能。
- 速度：菜单调整动画的速度。
- 帮助：显示本软件的帮助内容。

本软件界面友好，不难操作，单击一格后会提示搜索使用的时间，此时按任意键继续。

3. 模块化设计方案

(1) 系统主要函数及功能。(小四号黑体)

① Solve 函数:其功能为确认建栈是否成功。

```
int Solve(char * buffer,double * ret);
```

buffer 参数为表达式,ret 参数用于存放结果。

返回值为错误标志,意义如下。

0:操作成功,ret 有效。

1:未知字符。

2:括号不匹配。

3:非法表达式。

4:零不能做除数。

5:无法计算的幂。

6:空表达式。

② ss 函数(略)。

(2) 主函数调用各功能函数的流程图。

……

4. 数据结构描述

```
struct _point
{
    int x,y;
};
template<class T>
class _stack
{
    T * data;                 //元素存放的动态数组
    unsigned length,ptr;      //最大长度和当前栈顶的索引
public:
    _stack();
    ~_stack();
    void clear();             //清栈
    bool empty();             //判断栈是否为空
    void push(T e);           //压栈
    T& pop();                 //弹栈
    T& top();                 //栈顶元素
    void traverse(void (* callback)(T&));      //用 callback 函数对栈从低向上遍历
private:
    void inc();               //扩充可用的栈空间
};
```

5. 算法设计

（1）搜索算法（流程图）。

（2）速度控制算法（流程图）。

（3）表达式计算器。

6. 程序运行结果

略。

7. 总结

（1）工作时间。（小四号黑色）

栈的实现：1分钟。

马踏棋盘的优化解法：1小时。

马踏棋盘界面：3小时。

表达式求值解法：1小时。

表达式求值界面：半小时。

（2）分工情况。

一、

二、

三、

（3）心得体会。

……

附页（源代码附加注释）

参 考 文 献

[1] 谭浩强.C 程序设计[M].2 版.北京：清华大学出版社,1999.

[2] 周雅静.C 语言程序设计实用教程[M].北京：清华大学出版社,2009.

[3] 教育部考试中心.全国计算机等级二级教程——C 语言程序设计[M].北京：高等教育出版社,2013.

[4] 明日科技.C 语言经典编程 282 例[M].北京：清华大学出版社,2013.